1 Terme mit Klammern

Terme mit K

1 Multipliziere die Klammern aus.

$4(a-3) = 4a - 12$

$9(x+y) = 9x + 9y$

$-5(u-2v+3) = -5u + 10v - 15$

a) $8(x+5) =$ ____________

$3(a-7) =$ ____________

$5(2+z) =$ ____________

b) $2(r+s) =$ ____________

$6(u-v) =$ ____________

$7(a+b) =$ ____________

c) $4(a+2b) =$ ____________

$2(4p+q) =$ ____________

$5(x-8y) =$ ____________

d) $-(t+3) =$ ____________

$-(x-4) =$ ____________

$-(2-z) =$ ____________

e) $-2(x+y) =$ ____________

$-6(a-b) =$ ____________

$-3(5-t) =$ ____________

f) $-4(3a+b) =$ ____________

$-2(p+3q) =$ ____________

$-6(2x-3y) =$ ____________

g) $8(2x+y-4) =$ ____________

$3(u+v+5w) =$ ____________

$11(2-x-3y) =$ ____________

h) $-3(a-3b+4c) =$ ____________

$-6(3r-2s-4t) =$ ____________

$-2(5p-3q+7) =$ ____________

2 Multipliziere die Klammern aus. Fasse dann gleichartige Summanden zusammen.

$7(a+9) - 4(a-3)$
$= 7a + 63 - 4a + 12$
$= 3a + 75$

$4(5x+2) - 3(4x-8)$
$= 20x + 8 - 12x + 24$
$= 8x + 32$

a) $8(x+5) + 2(x+7) =$ ____________

$9(a+3) + 4(a-6) =$ ____________

$5(9+t) - 3(7-t) =$ ____________

b) $6(x+y) + 2(x+y) =$ ____________

$4(r+s) + 3(r-s) =$ ____________

$5(u+v) - 3(u-v) =$ ____________

c) $4(x+3) + 7(x+6) + 11(x+1) =$ ____________

$6(u+v) + 5(w-v) - 4(u+w) =$ ____________

$12(a+b) - 3(a-b) - 6(b-a) =$ ____________

d) $8(x+7) + 3(x-6) - 5(2x-1) =$ ____________

$9(y+2) - 5(y-4) - 4(7-3y) =$ ____________

$7(r+3s) - 3(s-2r) - 6(s-r) =$ ____________

Terme mit Klammern

3 Ergänze die fehlenden Zahlen und Variablen.

a) ☐ (x + ☐) = 7x + 7y

☐ (a − ☐) = 9a − 18b

☐ (u + ☐) = 4u + 8v

b) ☐ (x + ☐) = 12x + 60

☐ (x − ☐) = 15x − 60

☐ (p − ☐) = 6p − 72

4 Schreibe wie in den Beispielen jede Summe als Produkt.

10a + 20 = 10(a + 2) 9x − 63 = 9(x − 7)

a) 5a + 35 = ______

7b + 42 = ______

9c + 63 = ______

b) 8x − 56 = ______

4y − 48 = ______

3z − 45 = ______

c) 11r − 44 = ______

12s + 60 = ______

13t − 52 = ______

5 Schreibe wie in den Beispielen jede Summe als Produkt.

10x + 45 = 5(2x + 9) 24a − 16b = 8(3a − 2b) 20x − 32y + 12 = 4(5x − 8y + 3)

a) 6x + 15 = ______

4x − 14 = ______

8x + 20 = ______

b) 12x − 16 = ______

15x + 35 = ______

16x − 24 = ______

c) 12x − 18y = ______

27x − 81y = ______

20x − 30y = ______

d) 6x + 15y + 21 = ______

8a − 18b + 20 = ______

16s + 20t + 24 = ______

e) 12x − 24y + 20z = ______

15u − 21v − 3w = ______

18p − 27q + 45r = ______

6 Schreibe wie in den Beispielen jede Summe als Produkt.

2ab + 5a = a(2b + 5) 6xy − 8x = 2x(3y − 4)

a) 3xy + 7x = ______

5uv + 3v = ______

9pq − 5p = ______

b) 8xy − 5x = ______

4st − 3t = ______

3z − 4tz = ______

c) 4rs − 8r = ______

9ab + 6b = ______

12uv − 4v = ______

7 Ergänze die fehlenden Zahlen.

a) 7x + ☐ · (x + ☐) = 10x + 12

2x + ☐ · (x − ☐) = 11x − 27

☐ x + 4(x − ☐) = 13x − 20

b) ☐ · (x + 7) + 2(x − ☐) = 10x + 50

☐ · (x − 2) − 4(x − ☐) = 7x + 6

☐ · (x + ☐) − 2(x − 3) = 9x + 28

Multiplikation von Summen

$(a+b)(c+d) = ac + ad + bc + bd$
$(a+b)(c-d) = ac - ad + bc - bd$
$(a-b)(c+d) = ac + ad - bc - bd$
$(a-b)(c-d) = ac - ad - bc + bd$

1 Schreibe jeden Term als Summe.

a) $(r+s)(t-u) =$ ____
$(x-y)(z+t) =$ ____
$(p-q)(r-s) =$ ____

b) $(x+3)(y+4) =$ ____
$(a-5)(b+6) =$ ____
$(u-7)(v-4) =$ ____

c) $(8-r)(s+5) =$ ____
$(u-2)(9-v) =$ ____
$(3-p)(6-q) =$ ____

2 Multipliziere die Klammern wie in den Beispielen aus.

$(3a+b)(2c-d) = 6ac - 3ad + 2bc - bd$
$(5x-2)(3y+5) = 15xy + 25x - 6y - 10$
$(2r-3s)(3t-4v) = 6rt - 8rv - 9st + 12sv$

a) $(2p+q)(3r+s) =$ ____
$(4x-y)(a-3b) =$ ____
$(u-2v)(7w+z) =$ ____

b) $(5a-3)(4b+1) =$ ____
$(8x+3)(5-2y) =$ ____
$(9-11t)(7-2u) =$ ____

c) $(4x-3)(5y-7) =$ ____
$(2p+11)(9-3q) =$ ____
$(3t-10)(8-5w) =$ ____

d) $(2u-3v)(4w+t) =$ ____
$(r+3s)(5t-2u) =$ ____
$(9p-5q)(7r-s) =$ ____

e) $(4a-3b)(5c-7d) =$ ____
$(7p+3q)(2r-3s) =$ ____
$(4a-5b)(6c-7d) =$ ____

3 Ordne jedem Term den äquivalenten (gleichwertigen) Term aus dem Kasten zu.

$xy + 5x + 7y + 35$	☐	$xy - 7x - 5y + 35$	☐
$35 - 7y - 5x + xy$	☐	$5y + 35 - xy - 7x$	☐
$xy - 5x - 7y + 35$	☐	$7x - xy + 35 - 5y$	☐

① $(x+5)(7-y)$ ② $(x-7)(y-5)$
③ $(x+7)(y+5)$ ④ $(x-5)(y-7)$
⑤ $(7-x)(5-y)$ ⑥ $(5-x)(y+7)$

4 Ergänze die fehlenden Zahlen und Variablen.

a) $(a+5)(b+$ ___ $) =$ ___ $+ 4a +$ ___ $+ 20$
$(a+$ ___ $)(b+$ ___ $) =$ ___ $+ 8a + 5b +$ ___
$(a+$ ___ $)($ ___ $+ 7) = ab +$ ___ $+ 2b +$ ___

b) $(x-$ ___ $)(y+7) =$ ___ $+$ ___ $- 3y -$ ___
$(x-$ ___ $)(y-$ ___ $) =$ ___ $- 3x - y +$ ___
$(x+2)(y-$ ___ $) =$ ___ $- 9x +$ ___ $-$ ___

Multiplikation von Summen

5 Multipliziere die Klammern aus und fasse gleichartige Summanden zusammen.

$(x-5)(x+3)$
$= x \cdot x + 3x - 5x - 15$
$= x^2 - 2x - 15$

$(3x-1)(4x+3)$
$= 3x \cdot 4x + 9x - 4x - 3$
$= 12x^2 + 5x - 3$

a) $(x+7)(x+2) =$ ____
$(x+11)(x-8) =$ ____
$(x-9)(x-5) =$ ____

b) $(t+10)(3-t) =$ ____
$(v-12)(v+7) =$ ____
$(u-15)(4-u) =$ ____

c) $(2x+1)(3x+2) =$ ____
$(3y-2)(7y-4) =$ ____
$(2t-8)(6t+11) =$ ____

d) $(3v+5)(4v+3) =$ ____
$(4y-5)(2y-7) =$ ____
$(5t+12)(7t-2) =$ ____

6 Ergänze die fehlenden Zahlen und Variablen.

a) $(a+5)(a+\_\_) = \_\_ + 9a + 20$
$(b+3)(b+\_\_) = \_\_ + \_\_ + 21$
$(c+\_\_)(c+7) = \_\_ + \_\_ + 42$

b) $(x-9)(x+\_\_) = \_\_ - \_\_ - 45$
$(y-\_\_)(y-8) = \_\_ - \_\_ + 16$
$(z+2)(z-\_\_) = \_\_ - \_\_ - 18$

c) $(2x+3)(x+\_\_) = \_\_ + 5x + 3$
$(t+3)(3t+\_\_) = \_\_ + \_\_ + 6$
$(5u+\_\_)(u+2) = \_\_ + \_\_ + 8$

d) $(3v-1)(3v+\_\_) = \_\_ + \_\_ - 2$
$(2z-\_\_)(2z-3) = \_\_ - \_\_ + 6$
$(3r+2)(2r-\_\_) = \_\_ - \_\_ - 8$

7 Kreuze die Terme an, die zu dem Term $a^2 - 8a + 12$ äquivalent sind.

$(a-2)(a-6)$ ☐
$(a-6)(a-2)$ ☐
$(a+2)(a+6)$ ☐
$(6-a)(2-a)$ ☐

8 Schreibe jede Summe als Produkt.

$x^2 + 11x + 18 = (x+9)(x+2)$

a) $x^2 + 9x + 20 =$ ____
$x^2 + 15x + 50 =$ ____
$x^2 + 11x + 30 =$ ____

b) $x^2 + 2x - 8 =$ ____
$x^2 + 2x - 15 =$ ____
$x^2 + 3x - 10 =$ ____

1. binomische Formel

1. binomische Formel

$(a+b)^2 = (a+b)\cdot(a+b)$
$= a\cdot a + a\cdot b + b\cdot a + b\cdot b$
$= a^2 + 2\cdot a\cdot b + b^2$

$\mathbf{(a+b)^2 = a^2 + 2ab + b^2}$

1 Wende die 1. binomische Formel an.

a) $(c+d)^2 =$ ____
$(r+s)^2 =$ ____
$(p+q)^2 =$ ____

b) $(u+v)^2 =$ ____
$(m+n)^2 =$ ____
$(t+z)^2 =$ ____

c) $(x+5)^2 =$ ____
$(y+3)^2 =$ ____
$(z+7)^2 =$ ____

d) $(r+9)^2 =$ ____
$(s+1)^2 =$ ____
$(t+6)^2 =$ ____

e) $(10+a)^2 =$ ____
$(15+q)^2 =$ ____
$(11+v)^2 =$ ____

2 Wende die 1. binomische Formel wie in den Beispielen an.

$(3a+b)^2 = (3a)^2 + 2\cdot 3a\cdot b + b^2 = 9a^2 + 6ab + b^2$
$(5x+2y)^2 = (5x)^2 + 2\cdot 5x\cdot 2y + (2y)^2 = 25x^2 + 20xy + 4y^2$
$(4r+\frac{1}{2}s)^2 = (4r)^2 + 2\cdot 4r\cdot \frac{1}{2}s + (\frac{1}{2}s)^2 = 16r^2 + 4rs + \frac{1}{4}s^2$

a) $(3x+2)^2 =$ ____
$(4y+9)^2 =$ ____
$(5z+3)^2 =$ ____

b) $(7p+2q)^2 =$ ____
$(3a+10b)^2 =$ ____
$(5r+11s)^2 =$ ____

c) $(3a+\frac{1}{2}b)^2 =$ ____
$(\frac{1}{2}x+5y)^2 =$ ____
$(6p+\frac{1}{3}q)^2 =$ ____

3 Schreibe jede Summe als Produkt.

a) $b^2+2bc+c^2 = (\ \ +\ \ )^2$
$u^2+2uv+v^2 = (\ \ +\ \ )^2$
$r^2+2rs+s^2 = (\ \ +\ \ )^2$

b) $x^2+8x+16 = (\ \ +\ \ )^2$
$p^2+10p+25 = (\ \ +\ \ )^2$
$t^2+30t+225 = (\ \ +\ \ )^2$

c) $r^2+12rs+36s^2 = (\ \ +\ \ )^2$
$4v^2+4vw+w^2 = (\ \ +\ \ )^2$
$9x^2+6xy+y^2 = (\ \ +\ \ )^2$

4 Ergänze die fehlenden Zahlen und Variablen.

a) $z^2+10z+\ \ = (\ \ +\ \ )^2$
$x^2+14x+\ \ = (\ \ +\ \ )^2$

b) $4r^2+20r+\ \ = (\ \ +\ \ )^2$
$9t^2+18t+\ \ = (\ \ +\ \ )^2$

c) $k^2+\ \ +\ \ = (\ \ +2)^2$
$\ \ +\ \ +4q^2 = (3p+\ \ )^2$

2. binomische Formel

2. binomische Formel

$(a-b)^2 = (a-b)\cdot(a-b)$
$= a\cdot a - a\cdot b - b\cdot a + b\cdot b$
$= a^2 - 2\cdot a\cdot b + b^2$

$\mathbf{(a-b)^2 = a^2 - 2ab + b^2}$

1 Wende die 2. binomische Formel an.

a) $(p-q)^2 =$ ______
$(x-y)^2 =$ ______
$(d-e)^2 =$ ______

b) $(v-w)^2 =$ ______
$(y-z)^2 =$ ______
$(b-c)^2 =$ ______

c) $(x-3)^2 =$ ______
$(y-7)^2 =$ ______
$(z-9)^2 =$ ______

d) $(t-11)^2 =$ ______
$(k-4)^2 =$ ______
$(z-1)^2 =$ ______

e) $(8-y)^2 =$ ______
$(12-x)^2 =$ ______
$(15-w)^2 =$ ______

2 Wende die 2. binomische Formel wie in den Beispielen an.

$(4x-y)^2 = (4x)^2 - 2\cdot 4x\cdot y + y^2 = 16x^2 - 8xy + y^2$
$(3r-2s)^2 = (3r)^2 - 2\cdot 3r\cdot 2s + (2s)^2 = 9r^2 - 12rs + 4s^2$
$(6a-\frac{1}{3}b)^2 = (6a)^2 - 2\cdot 6a\cdot \frac{1}{3}b + (\frac{1}{3}b)^2 = 36a^2 - 4ab + \frac{1}{9}b^2$

a) $(5x-2)^2 =$ ______
$(9y-7)^2 =$ ______
$(8z-5)^2 =$ ______

b) $(2r-3s)^2 =$ ______
$(5z-7t)^2 =$ ______
$(8p-11q)^2 =$ ______

c) $(2a-\frac{1}{2}b)^2 =$ ______
$(\frac{1}{3}x-9y)^2 =$ ______
$(10u-\frac{1}{5}v)^2 =$ ______

3 Schreibe jede Summe als Produkt.

a) $r^2 - 2rs + s^2 = (\ \ -\ \ )^2$
$p^2 - 2pq + q^2 = (\ \ -\ \ )^2$
$c^2 - 2cd + d^2 = (\ \ -\ \ )^2$

b) $x^2 - 6x + 9 = (\ \ -\ \ )^2$
$k^2 - 14k + 49 = (\ \ -\ \ )^2$
$t^2 - 40t + 400 = (\ \ -\ \ )^2$

c) $4a^2 - 20ab + 25b^2 = (\ \ -\ \ )^2$
$9x^2 - 12xy + 4y^2 = (\ \ -\ \ )^2$
$25r^2 - 30rs + 9s^2 = (\ \ -\ \ )^2$

4 Ergänze die fehlenden Zahlen und Variablen.

a) $a^2 - 12a + \ \ = (\ \ -\ \ )^2$
$p^2 - 18p + \ \ = (\ \ -\ \ )^2$

b) $4t^2 - 28t + \ \ = (\ \ -\ \ )^2$
$16s^2 - 24s + \ \ = (\ \ -\ \ )^2$

c) $x^2 - \ \ + \ \ = (\ \ -9)^2$
$\ \ -\ \ + 9q^2 = (5p-\ \ )^2$

3. binomische Formel

3. binomische Formel

$(a+b)(a-b) = a \cdot a - a \cdot b + b \cdot a - b \cdot b$
$= a^2 - a \cdot b + b \cdot a + b^2$
$= a^2 - b^2$

$\mathbf{(a+b)(a-b) = a^2 - b^2}$

1 Wende die 3. binomische Formel an.

a) $(p+q)(p-q) =$ ______
$(x+y)(x-y) =$ ______
$(t+z)(t-z) =$ ______

b) $(v-w)(v+w) =$ ______
$(m-n)(m+n) =$ ______
$(c-d)(c+d) =$ ______

c) $(z+5)(z-5) =$ ______
$(a+7)(a-7) =$ ______
$(k+11)(k-11) =$ ______

d) $(t-6)(t+6) =$ ______
$(r-10)(r+10) =$ ______
$(u-1)(u+1) =$ ______

e) $(2+a)(2-a) =$ ______
$(9-x)(9+x) =$ ______
$(12+v)(12-v) =$ ______

2 Wende die 3. binomische Formel wie in den Beispielen an.

$(5x+11)(5x-11) = (5x)^2 - 11^2 = 25x^2 - 121$
$(4u+5v)(4u-5v) = (4u)^2 - (5v)^2 = 16u^2 - 25v^2$
$(8a+\frac{1}{2}b)(8a-\frac{1}{2}b) = (8a)^2 - (\frac{1}{2}b)^2 = 64a^2 - \frac{1}{4}b^2$

a) $(3z+10)(3z-10) =$ ______
$(11p+8)(11p-8) =$ ______
$(20t+9)(20t-9) =$ ______

b) $(2r+3s)(2r-3s) =$ ______
$(10p+7q)(10p-7q) =$ ______
$(9m+3n)(9m-3n) =$ ______

c) $(2t+\frac{1}{2}z)(2t-\frac{1}{2}z) =$ ______
$(\frac{1}{3}a+6b)(\frac{1}{3}a-6b) =$ ______
$(8u+\frac{1}{4}v)(8u-\frac{1}{4}v) =$ ______

3 Schreibe jede Summe als Produkt.

a) $r^2 - s^2 = ($ ☐ $+$ ☐ $)($ ☐ $-$ ☐ $)$
$m^2 - n^2 = ($ ☐ $+$ ☐ $)($ ☐ $-$ ☐ $)$
$v^2 - w^2 = ($ ☐ $+$ ☐ $)($ ☐ $-$ ☐ $)$

b) $x^2 - 9 = ($ ☐ $+$ ☐ $)($ ☐ $-$ ☐ $)$
$r^2 - 49 = ($ ☐ $+$ ☐ $)($ ☐ $-$ ☐ $)$
$t^2 - 225 = ($ ☐ $+$ ☐ $)($ ☐ $-$ ☐ $)$

c) $4a^2 - 9b^2 = ($ ☐ $+$ ☐ $)($ ☐ $-$ ☐ $)$
$25x^2 - 36y^2 = ($ ☐ $+$ ☐ $)($ ☐ $-$ ☐ $)$
$16r^2 - 49s^2 = ($ ☐ $+$ ☐ $)($ ☐ $-$ ☐ $)$

4 Ergänze die fehlenden Zahlen und Variablen.

a) $a^2 -$ ☐ $= ($ ☐ $+ 5)($ ☐ $-$ ☐ $)$
☐ $- 64 = ($ ☐ $+$ ☐ $)(t -$ ☐ $)$

b) $9x^2 -$ ☐ $= ($ ☐ $+ 1)($ ☐ $-$ ☐ $)$
☐ $- 4v^2 = (7 +$ ☐ $)($ ☐ $-$ ☐ $)$

c) $16x^2 -$ ☐ $= ($ ☐ $+ 3)($ ☐ $-$ ☐ $)$
☐ $- 9q^2 = ($ ☐ $+$ ☐ $)(5p -$ ☐ $)$

Flächeninhalte mit Termen beschreiben

1 Gib einen Term mit Klammern und einen Term ohne Klammern an, mit dem du den Flächeninhalt der blau gefärbten Fläche beschreiben kannst. (Maße in cm)

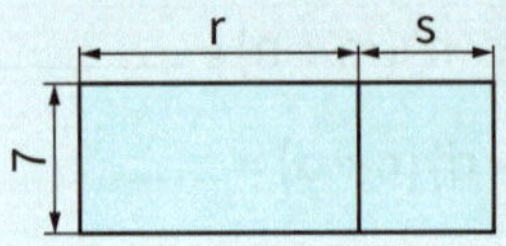

mit Klammern: $7(r + s)$

ohne Klammern: $7r + 7s$

a)
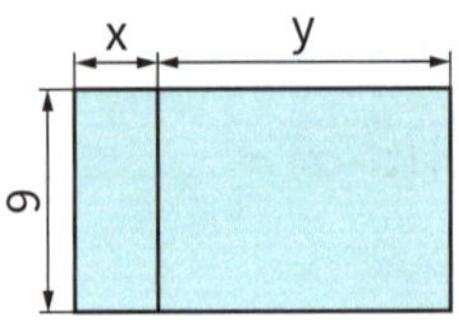

b)
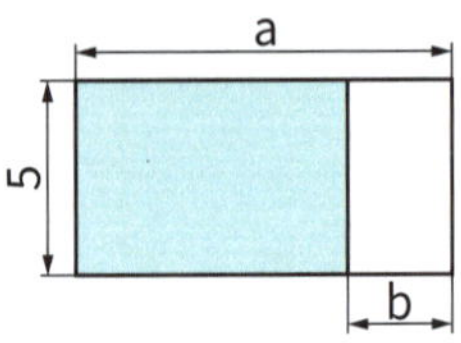

c)
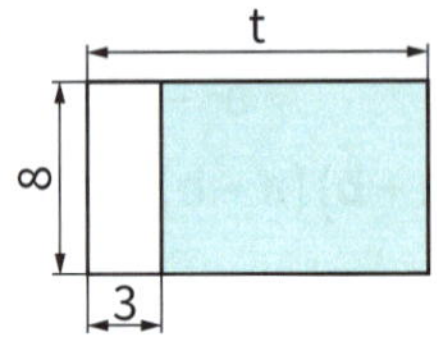

d)
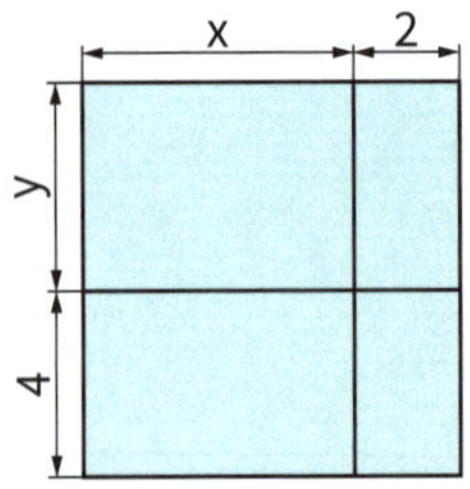

e)
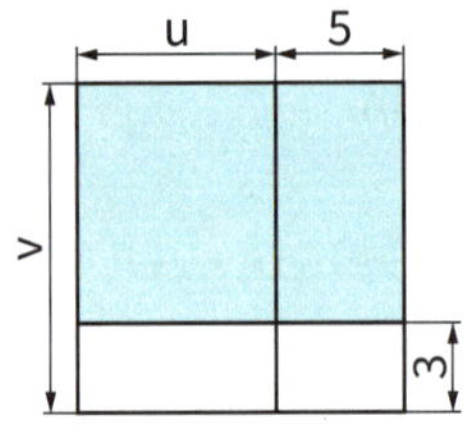

f)
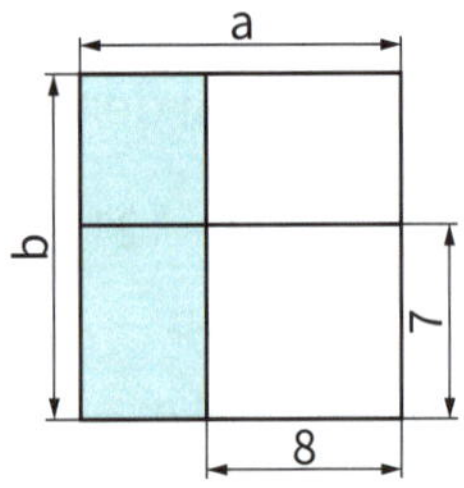

g)
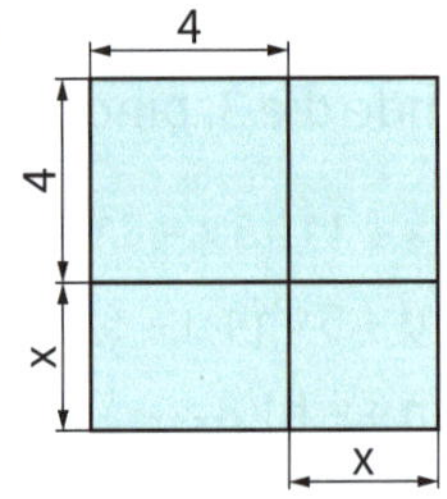

2 Jeder Term beschreibt den Flächeninhalt einer der abgebildeten Figuren. Ordne jedem Term die passende Figur zu. (Maße in cm)

① $a^2 + 13a + 40$ ☐ ② $a^2 + 22a + 40$ ☐ ③ $a^2 + 14a + 40$ ☐

④ $a^2 + 23a + 42$ ☐ ⑤ $a^2 + 17a + 42$ ☐ ⑥ $a^2 + 13a + 42$ ☐

A
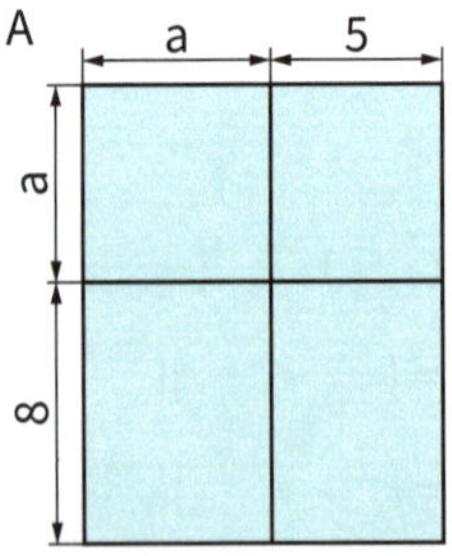

B
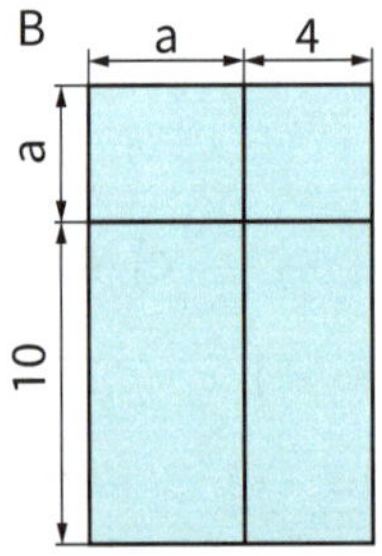

C
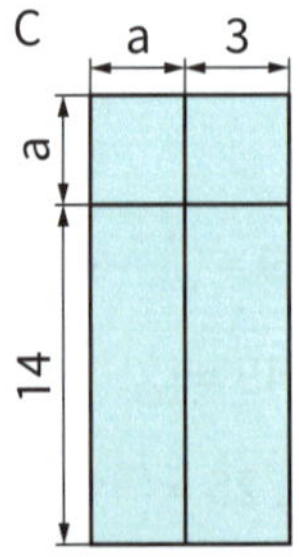

D
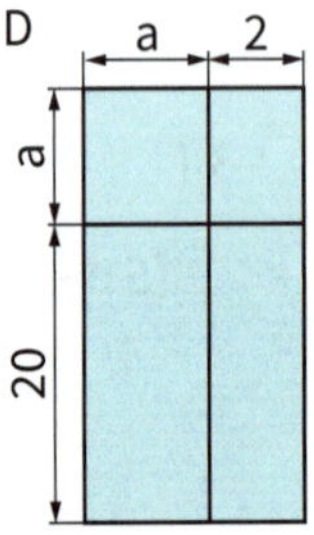

E
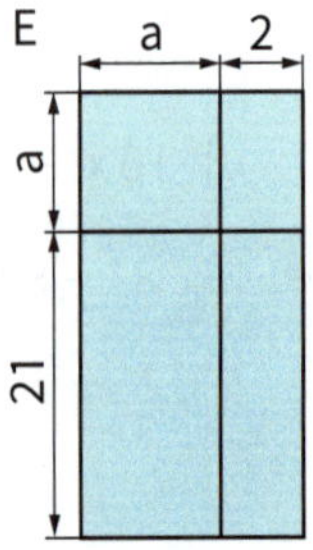

F
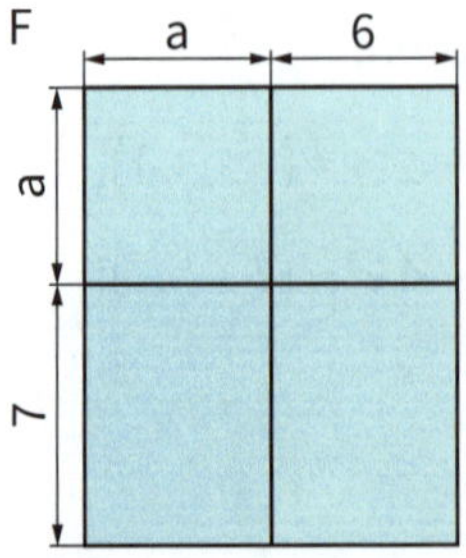

Flächeninhalte mit Termen beschreiben

3 Angegeben ist der Term, mit dem der Flächeninhalt des Rechtecks bestimmt werden kann.
Vervollständige die Bemaßung des Rechtecks. (Maße in cm)

a)
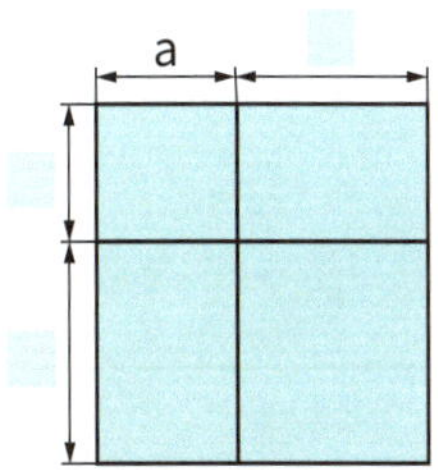

$a^2 + 7a + 12$

b)
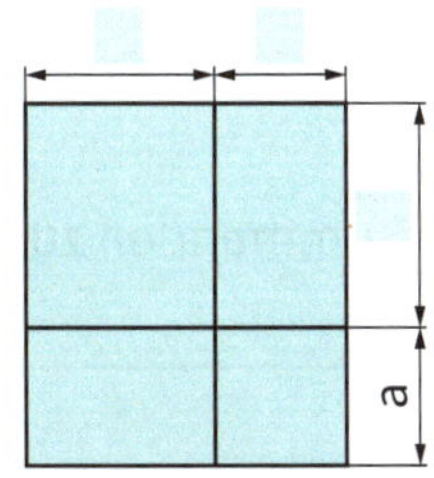

$a^2 + 15a + 56$

4 Jeder Term beschreibt den Flächeninhalt einer der abgebildeten Figuren.
Ordne jedem Term die passende Figur zu. (Maße in cm)

① $4(x+2)+6x$ ☐ ② $4x+6(x-2)$ ☐ ③ $10(x+2)-12$ ☐

④ $10(x+2)-6x$ ☐ ⑤ $10(x-2)+8$ ☐ ⑥ $4(x+2)+12$ ☐

A
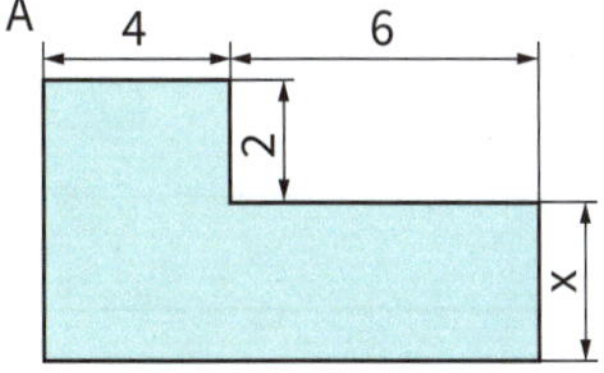

B
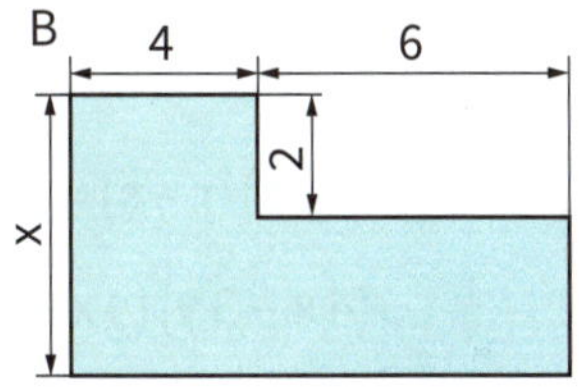

C
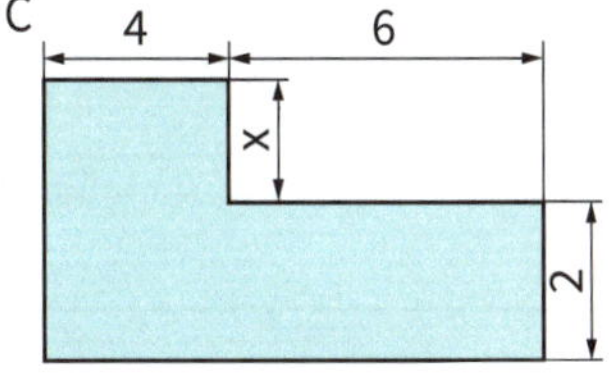

5 Gib einen möglichst einfachen Term an, der den Flächeninhalt der blau gefärbten Figur beschreibt.
(Maße in cm)

a)
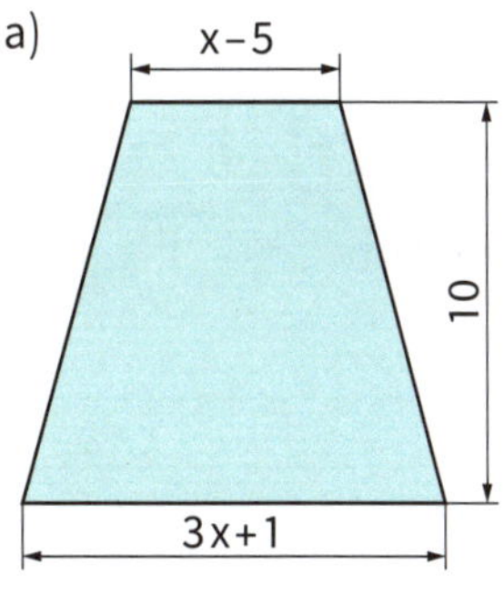

b)
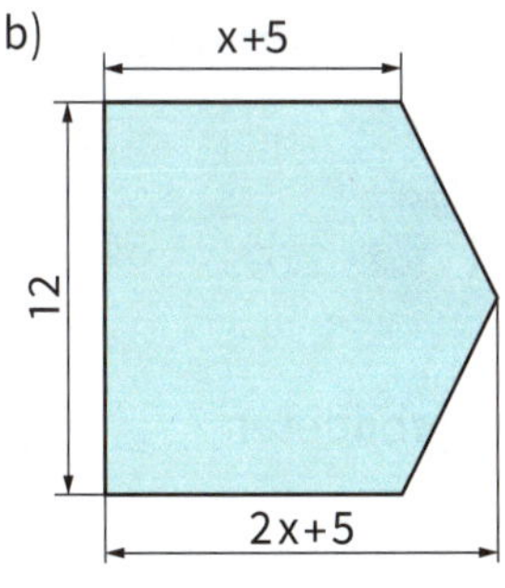

c)
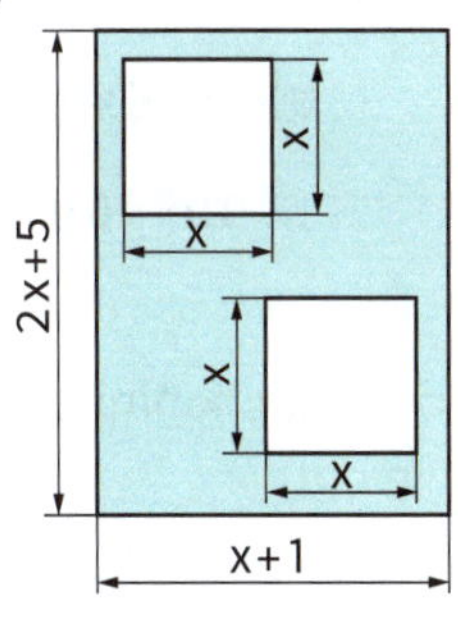

d)
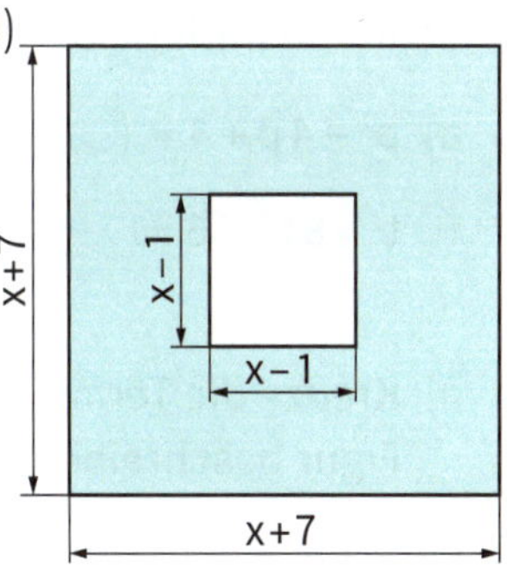

______ ______ ______ ______

AUSGANGSTEST 1 – Terme mit Klammern

1 Multipliziere die Klammern aus.

a) $7(x+11) =$ ____________________

$5(a-13) =$ ____________________

b) $(r+4)(s+9) =$ ____________________

$(3-u)(5-v) =$ ____________________

2 Multipliziere die Klammern aus und fasse gleichartige Summanden zusammen.

a) $7(x+3) + 2(x-6) =$ ____________________

$6(2u+v) - 5(u-3v) =$ ____________________

b) $(5r+1)(4r+7) =$ ____________________

$(3t-5)(2t-9) =$ ____________________

3 Schreibe jede Summe als Produkt, indem du einen Faktor ausklammerst.

a) $3x + 24 =$ ____________

$5y + 35 =$ ____________

b) $6a - 15 =$ ____________

$9b - 12 =$ ____________

c) $21r - 49 =$ ____________

$15s + 39 =$ ____________

4 Wende die binomischen Formeln an.

a) $(u+v)^2 =$ ____________________

$(p-q)^2 =$ ____________________

b) $(r+s)(r-s) =$ ____________________

$(4x-3y)(4x+3y) =$ ____________________

c) $(6a-7)^2 =$ ____________________

$(u-5v)^2 =$ ____________________

d) $(9a+4b)^2 =$ ____________________

$(2s-3t)^2 =$ ____________________

5 Schreibe mithilfe der binomischen Formeln jede Summe als Produkt.

a) $p^2 - 4p + 4 = (\quad - \quad)^2$

$t^2 + 8t + 16 = (\quad + \quad)^2$

b) $x^2 - 6xy + 9y^2 = (\quad - \quad)^2$

$9u^2 + 6uv + v^2 = (\quad + \quad)^2$

c) $a^2 - 49 = (\quad + \quad)(\quad - \quad)$

$25x^2 - 4y^2 = (\quad + \quad)(\quad - \quad)$

6 a) Kreuze die Terme an, die den Flächeninhalt der abgebildeten Figur beschreiben. (Maße in cm)

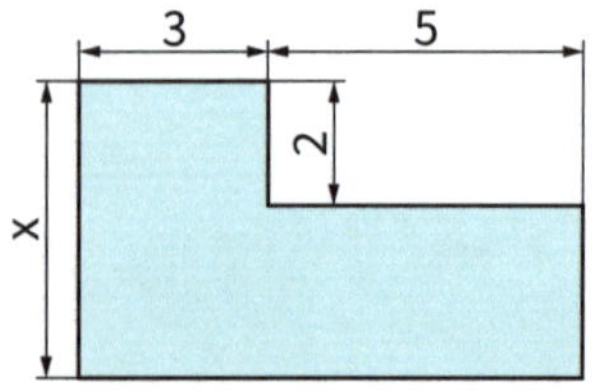

- $8(x-2) + 6$ ☐
- $5x + 3(x-2)$ ☐
- $8(x-2) - 10$ ☐
- $3x + 5(x-2)$ ☐

b) Gib einen möglichst einfachen Term an, der den Flächeninhalt der blau gefärbten Figur beschreibt. (Maße in cm)

____

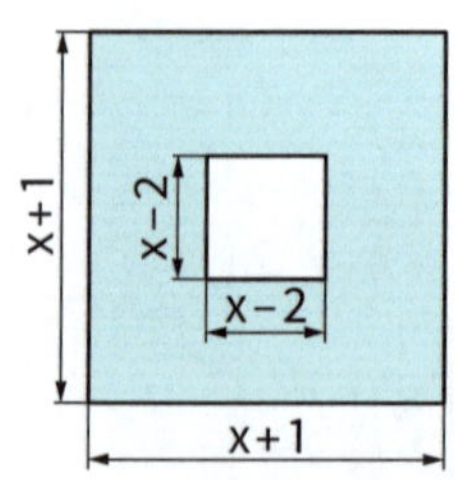

2 Gleichungen

Waagen im Gleichgewicht

1 Bestimme das Gewicht der Schachtel. Schreibe neben jede Waage die entsprechende Gleichung. Notiere, wie die Gleichung umgeformt wird.

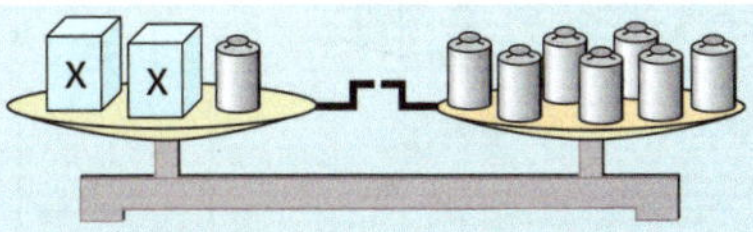

$2x + 1 = 7$ | $2x + 1 = 7$

−1 ↓ ↓ −1

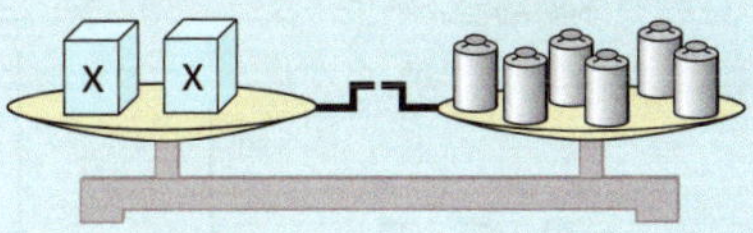

$2x = 6$ | $2x = 6$

:2 ↓ ↓ :2

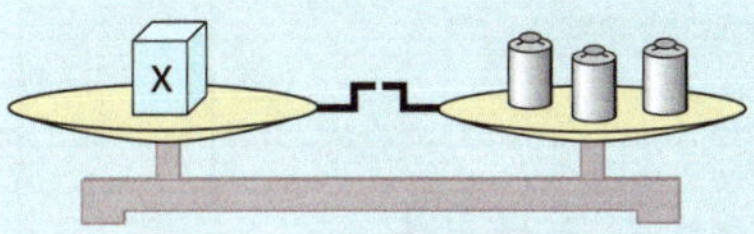

$x = 3$ | $x = 3$

a)

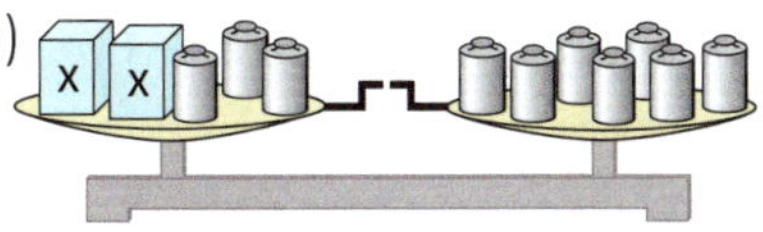

$2x + 3$ = 7 | $2x + 3 = 7$

−3 ↓ ↓ −3

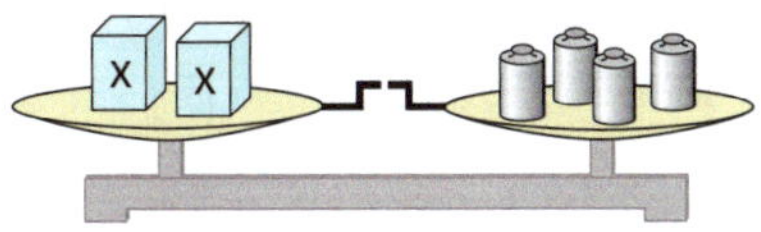

______ = ______ | ______ = ___

:2 ↓ ↓ :2

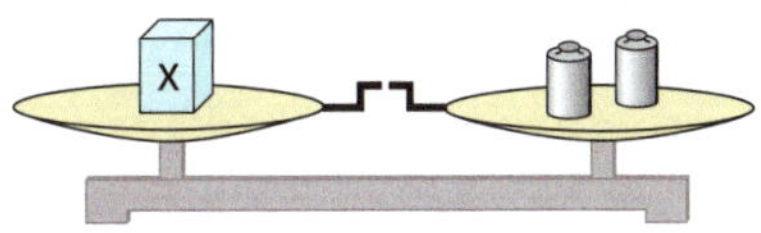

______ = ______ | ______ = ___

b)

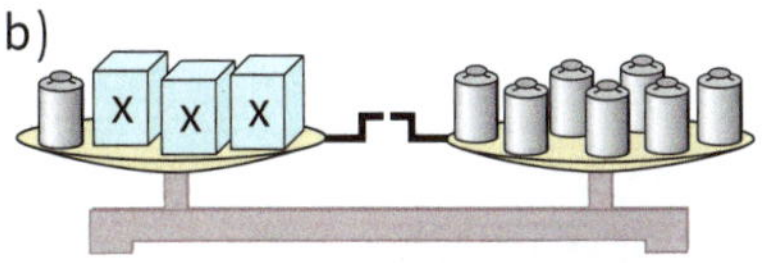

______ = ______ | ______ = ___

↓ ↓

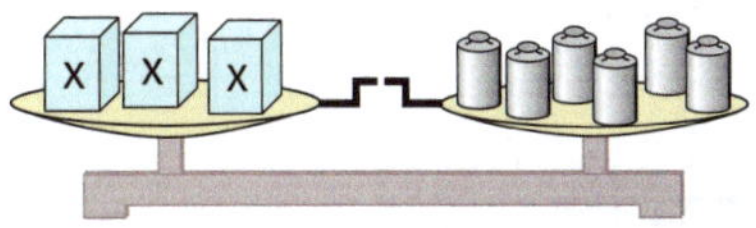

______ = ______ | ______ = ___

↓ ↓

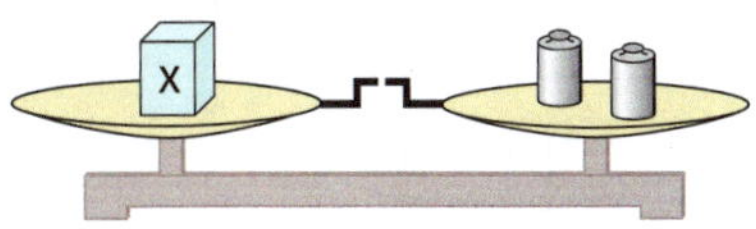

______ = ______ | ______ = ___

c)

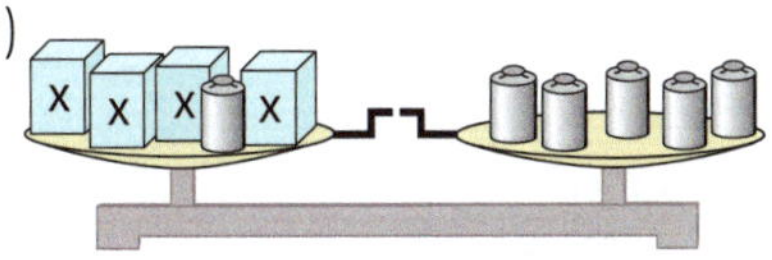

______ = ______ | ______ = ___

↓ ↓

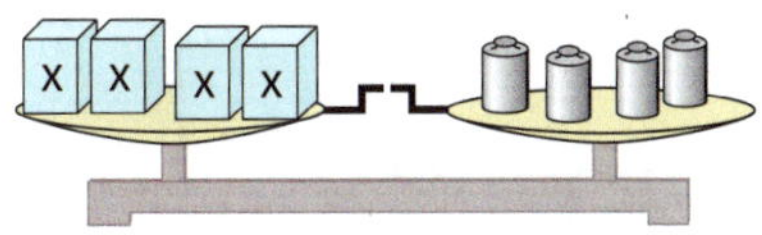

______ = ______ | ______ = ___

↓ ↓

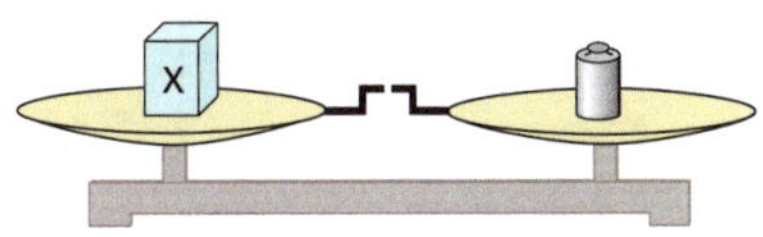

______ = ______ | ______ = ___

2 Notiere die einzelnen Schritte der Umformung und gib die Lösung an.

Beispiel:

$5x + 3 = 18$

[− 3] ↓ ↓ [− 3]

$5x = 15$

[: 5] ↓ ↓ [: 5]

$x = 3$

a) $11x + 9 = 20$

[ ] ↓ ↓ [ ]

$11x = 11$

[ ] ↓ ↓ [ ]

$x =$ ______

b) $9x + 20 = 56$

[ ] ↓ ↓ [ ]

$9x = 36$

[ ] ↓ ↓ [ ]

$x =$ ______

c) $5x + 11 = 46$

[ ] ↓ ↓ [ ]

$5x = 35$

[ ] ↓ ↓ [ ]

$x =$ ______

Beispiel:

$8x - 1 = 15$

[+ 1] ↓ ↓ [+ 1]

$8x = 16$

[: 8] ↓ ↓ [: 8]

$x = 2$

d) $7x - 5 = 16$

[ ] ↓ ↓ [ ]

$7x = 21$

[ ] ↓ ↓ [ ]

$x =$ ______

e) $11x - 3 = 41$

[ ] ↓ ↓ [ ]

$11x = 44$

[ ] ↓ ↓ [ ]

$x =$ ______

f) $7x - 12 = 65$

[ ] ↓ ↓ [ ]

$7x = 77$

[ ] ↓ ↓ [ ]

$x =$ ______

Waagen im Gleichgewicht

3 Bestimme das Gewicht der Schachtel. Schreibe neben jede Waage die entsprechende Gleichung. Notiere, wie die Gleichung umgeformt wird.

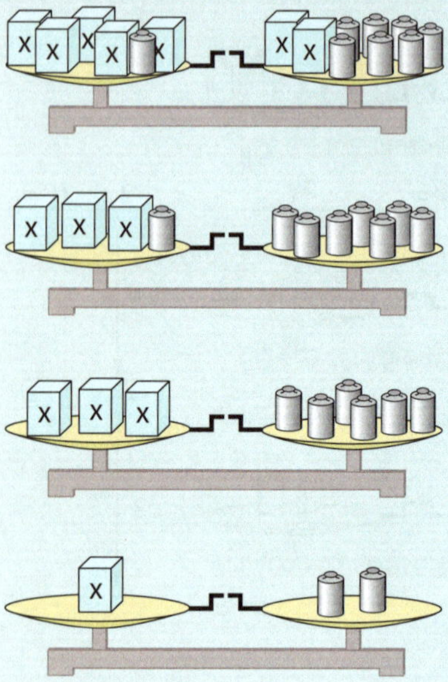

$5x + 1 = 2x + 7$ | $-2x$

$3x + 1 = 7$ | -1

$3x = 6$ | $:3$

$x = 2$

a)

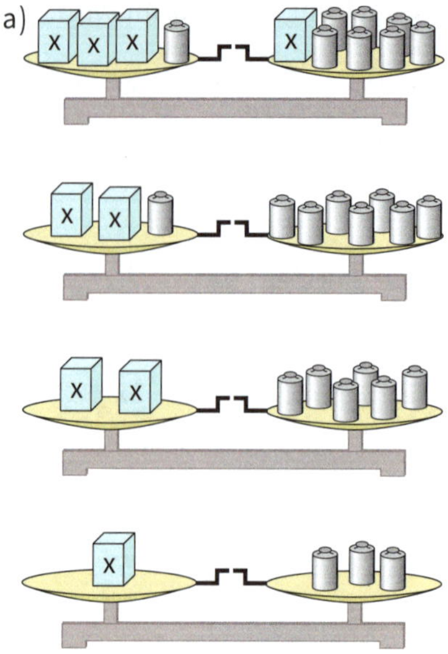

$3x + 1 = x + 7$ | $-x$

_____ = _____ | -1

_____ = _____ | $:2$

_____ = _____

b)

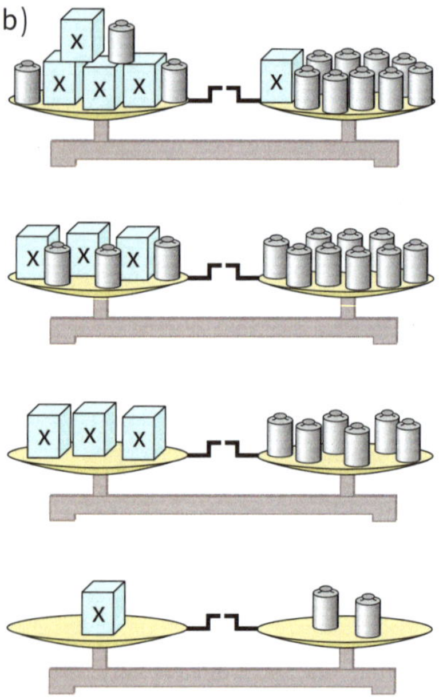

_____ = _____

_____ = _____

_____ = _____

_____ = _____

c)

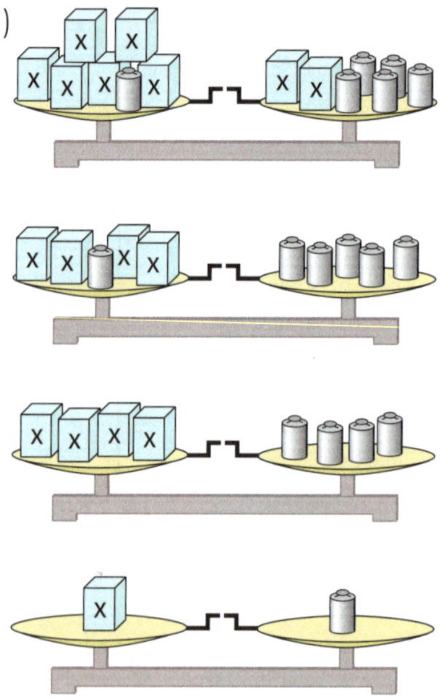

_____ = _____

_____ = _____

_____ = _____ | $:2$

_____ = _____

4 Notiere die einzelnen Schritte der Umformung und gib die Lösung an.

$6x - 5 = 2x + 3$ | $-2x$

$4x - 5 = 3$ | $+5$

$4x = 8$ | $:4$

$x = 2$

a) $11x + 1 = 3x + 25$ | ☐

$8x + 1 = 25$ | ☐

$8x = 24$ | ☐

x = _____

b) $9x - 10 = 4x + 5$ | ☐

$5x - 10 = 5$ | ☐

$5x = 15$ | ☐

x = _____

c) $8x + 11 = 5x - 7$ | ☐

$3x + 11 = -7$ | ☐

$3x = -18$ | ☐

x = _____

Gleichungen mit x auf einer Seite

$x + 6 = 9$	$x - 5 = 2$
-6 ↓ ↓ -6	$+5$ ↓ ↓ $+5$
$x = 3$	$x = 7$

$4x = 12$	$27 = 3x$
$:4$ ↓ ↓ $:4$	$:3$ ↓ ↓ $:3$
$x = 3$	$9 = x$

1 Löse die Gleichung.

a) $x + 7 = 12$ $x =$ ☐

b) $x - 8 = 7$ $x =$ ☐

c) $x + 15 = 33$ $x =$ ☐

d) $x - 11 = 20$ $x =$ ☐

2 Bestimme die Lösung.

a) $8x = 32$ $x =$ ☐

b) $11x = 55$ $x =$ ☐

c) $48 = 6x$ ☐ $= x$

d) $63 = 9x$ ☐ $= x$

3 Im Beispiel siehst du, wie du das Umformen einer Gleichung in Kurzform aufschreiben kannst. Löse die Gleichung.

$3x + 1 = 7$	$\mid -1$
$3x \quad = 6$	$\mid :3$
$x \quad = 2$	

a) $4x + 5 = 29$

b) $3x - 17 = 43$

c) $12x + 13 = 61$

d) $9x - 22 = 23$

e) $59 = 7x + 10$

f) $35 = 10x - 45$

g) $5x - 23 = 62$

h) $42 = 11x - 57$

i) $10x + 41 = 101$

k) $13x - 15 = 24$

4 Bestimme die Lösung.

$$\frac{1}{2}x = 10 \quad \mid : \frac{1}{2}$$
$$\frac{1}{2}x : \frac{1}{2} = 10 : \frac{1}{2}$$
$$\frac{1}{2}x \cdot \frac{2}{1} = 10 \cdot \frac{2}{1}$$
$$x = 20$$

a) $\frac{1}{3}x = 11$

b) $\frac{1}{7}x = 8$

c) $9 = \frac{1}{8}x$

5 Schreibe die Lösung als Bruch oder als Dezimalzahl.

a) $5x = 3$

b) $2x + 3 = 4$

c) $4x - 1 = 2$

d) $10x + 3 = 7$

Gleichungen mit x auf einer Seite

6 Fasse gleichartige Summanden zusammen und löse dann die Gleichung.

$$
\begin{aligned}
2x + 5 + 6x - 4 &= 17 \\
8x + 1 &= 17 \quad &|-1 \\
8x &= 16 \quad &|:8 \\
x &= 2
\end{aligned}
$$

a) $3x + 8 + 6x - 3 = 32$

b) $7x + 19 - 4x + 21 = 70$

c) $17x + 23 - 12x - 15 = 48$

d) $18 + 11x - 7 + 3x = 39$

e) $29 - 4x + 12x + 3 = 72$

f) $5x + 28 + 7x - 3 + 6x - 13 + 2x = 92$

g) $-6x + 12 - 4x + 21 - 3x + 51 - 8x = 0$

7 Multipliziere zuerst die Klammer aus und bestimme dann die Lösung.

$$
\begin{aligned}
2(x + 3) &= 18 \\
2x + 6 &= 18 \quad &|-6 \\
2x &= 12 \quad &|:2 \\
x &= 6
\end{aligned}
$$

a) $7(x + 5) = 56$

b) $5(x - 2) = 45$

c) $11(x + 6) = 121$

d) $6(x - 1) = 54$

e) $9(x - 5) = 36$

f) $12(x + 1) = 108$

g) $8(x - 3) = 32$

Gleichungen mit x auf beiden Seiten

1 Bestimme die Lösungsmenge ($G = \mathbb{N}$).

$17x - 41 = 3x + 15 \quad | -3x$
$14x - 41 = 15 \quad | +41$
$14x = 56 \quad | :14$
$x = 4 \qquad L = \{4\}$

a) $20x - 32 = 11x + 13$

b) $13x - 43 = 7x - 19$

c) $5x + 21 = 101 - 11x$

d) $15 + 9x = 90 - 16x$

e) $18x - 63 = 5x - 24$

f) $8x - 30 = 110 - 12x$

g) $11x + 67 = 4x + 74$

h) $15x - 41 = 3x + 31$

2 Bestimme die Lösungsmenge ($G = \mathbb{Z}$). Beachte die Rechenregeln für negative Zahlen.

a) $-8x - 45 = -6x - 13$

b) $65 + 9x = 20 + 24x$

c) $-27 + 5x = -3x - 67$

d) $91 - 8x = 10 + x$

e) $-9x + 27 = 3x - 33$

f) $-63 - 10x = -21 - 3x$

Gleichungen mit x auf beiden Seiten

3 Beim Umformen der Gleichung wurde ein Fehler gemacht. Markiere den Fehler.

a)
$$11x - 30 + 13x = 24x + 100 - 10x$$
$$24x + 30 = 14x + 100 \quad | -14x$$
$$10x + 30 = 100 \quad | -30$$
$$10x = 70 \quad | :10$$
$$x = 7$$

b)
$$6(x-4) = 4x + 22$$
$$6x - 4 = 4x + 22 \quad | -4x$$
$$2x - 4 = 22 \quad | +4$$
$$2x = 26 \quad | :2$$
$$x = 13$$

c)
$$4(x+10) = 6(x-2)$$
$$4x + 40 = 6x - 12 \quad | -6x$$
$$2x + 40 = -12 \quad | -40$$
$$2x = -52 \quad | :2$$
$$x = -26$$

4 Löse die Gleichungen. Die Buchstaben hinter den Lösungen ergeben die Namen von vier europäischen Hauptstädten.

a)	b)	c)	d)
$8x + 2 = 5x + 20$	$4x - 13 = 35 - 8x$	$11x - 37 = 9x + 13$	$11x - 35 = 8x + 7$
$9x + 5 = 2x + 26$	$2x - 24 = 12 - 2x$	$15x + 8 = 12x + 50$	$17x + 14 = 74 - 3x$
$7x + 9 = 5x + 29$	$8x - 10 = 20 - 7x$	$10x - 15 = 60 - 5x$	$10x - 51 = 114 - x$
$4x + 3 = 2x + 25$	$7x + 17 = 57 - 3x$	$18x + 12 = 14x + 72$	$19x - 21 = 7x + 39$

2 L | 3 I | 4 O | 5 A | 6 W | 9 S | 10 E | 11 N | 14 R | 15 G | 25 P

Hauptstadt:

a) ____________

b) ____________

c) ____________

d) ____________

5 Welche Gleichungen sind allgemeingültig, welche Gleichungen haben keine Lösung? Die Buchstaben hinter den allgemeingültigen Gleichungen und den Gleichungen ohne Lösung ergeben jeweils ein Lösungswort.

$3(x+2) + 2(x+1) = 5x + 8$ T

$2x + 5(x-2) = 7x - 9$ B

$10(x-1) - 5x = 5(x-2)$ O

$2(x+4) + 2(x+2) = 4(x+3)$ R

$8(x+1) + 2(x-1) = 5 + 10x$ A

$3(x+1) + 2x = 5(x-2)$ D

Lösungswort

allgemeingültige Gleichungen: ____________

Gleichungen ohne Lösung: ____________

Gleichungen mit x auf beiden Seiten

6 Multipliziere die Klammern aus, fasse gleichartige Summanden zusammen und bestimme dann die Lösungsmenge ($G = \mathbb{N}$).

$$10(x+2) - 32 = 4x + 3(x-2)$$
$$10x + 20 - 32 = 4x + 3x - 6$$
$$10x - 12 = 7x - 6 \quad | -7x$$
$$3x - 12 = -6 \quad | +12$$
$$3x = 6 \quad | :3$$
$$x = 2 \qquad L = \{2\}$$

a) $7(x+3) - 51 = 8x + 10 - 5x$

b) $5(x-1) + 2x = 26 + 2x - 11$

c) $9(x-12) + 2x = 4x + 2(x-4)$

d) $11(x+3) - 21 = 8(x+5) - 16$

e) $3(x+9) - 13 = 8(x-2) + 2(x-6)$

f) $6(2x+1) - 2(3x-2) = 4(x+5)$

g) $9(3x-4) = 4(2x+3) + 2(5x-6)$

Zahlenrätsel

1 Löse das Zahlenrätsel (G = ℕ).

die gesuchte Zahl: x

das Fünffache der Zahl: ________ das Dreifache der Zahl: ________

das Fünffache der Zahl vermindert um 3: ________ das Dreifache der Zahl vermehrt um 7: ________

Gleichung: ____________ = ____________

Die gesuchte Zahl heißt ______.

2 Schreibe das Zahlenrätsel als Gleichung und bestimme die Lösungsmenge (G = ℕ).

a) Das Neunfache einer Zahl vermindert um 17 ist genauso groß wie das Vierfache der Zahl vermehrt um 8.

Gleichung: ______________________

Die gesuchte Zahl heißt ______.

b) Das Elffache einer Zahl vermehrt um 21 ist genauso groß wie das Fünffache der Zahl vermehrt um 75.

Gleichung: ______________________

Die gesuchte Zahl heißt ______.

c) Multipliziere eine Zahl mit 15 und subtrahiere 20. Du erhältst das Zehnfache der Zahl vermehrt um 35.

Gleichung: ______________________

Die gesuchte Zahl heißt ______.

d) Addiert man 7 zu einer Zahl und multipliziert das Ergebnis mit 8, so erhält man das Siebenfache der Zahl vermehrt um 59.

Gleichung: ______________________

Die gesuchte Zahl heißt ______.

e) Subtrahiert man 3 von einer Zahl und multipliziert das Ergebnis mit 6, so erhält man das Doppelte der Zahl vermindert um 2.

Gleichung: ______________________

Die gesuchte Zahl heißt ______.

Sachaufgaben

1 a) Mias Klassenlehrer ist dreimal so alt wie sie. Zusammen sind sie 56 Jahre alt. Wie alt ist Mia?

Alter von Mia: x
Alter ihres Klassenlehrers: 3 x
Gleichung: $x + 3x = 56$

Mia ist ___ Jahre alt.

b) Amir ist drei Jahre älter als sein Bruder Malik. Zusammen sind sie 33 Jahre alt. Wie alt ist jeder von ihnen?

Amir ist ___ Jahre alt. Malik ist ___ Jahre alt.

2 Eine Lottogemeinschaft gewinnt 13 500 €. Frau Kühn zahlt einen doppelt so hohen Einsatz wie Herr Schulte. Frau Krüger zahlt dreimal so viel wie Frau Kühn. Der Gewinn wird entsprechend den Einsätzen verteilt. Stelle zunächst eine Gleichung auf. Bestimme anschließend den Betrag, den jeder erhält. Ergänze die Tabelle.

	Term	Gewinn
Herr Schulte	x	
Frau Kühn	$2x$	
Frau Krüger	$3 \cdot 2x$	

Gleichung: ______________________

3 Thea, Vesna und Ceyda spielen Fußball bei den C-Juniorinnen. In der vergangenen Spielzeit hat Vesna fünf Tore mehr geschossen als Thea. Ceyda hat viermal so oft wie Thea getroffen. Zusammen haben sie 17 Treffer erzielt. Vervollständige die Tabelle. Stelle dazu eine Gleichung auf.

	Term	Anzahl der Tore
Thea		
Vesna		
Ceyda		

Gleichung: ______________________

4

Wie alt ist jeder?

Antwort: ______________________

____

Sachaufgaben

5 In der Jahrgangsstufe 8 sind 85 Schülerinnen und Schüler. Die Anzahl der Mädchen ist um sieben größer als die der Jungen.
Wie viele Mädchen und Jungen sind jeweils in der Jahrgangsstufe 8?

Anzahl der Schüler:

Anzahl der Schülerinnen:

6 Bei einer Geburtstagsfeier haben Ivo, Ali und Leo zusammen 25 Stücke Pizza gegessen.
Ivo hat ein Stück mehr als Ali gegessen, Leo hat drei Stücke weniger gegessen als Ali.
Wie viele Stücke Pizza hat jeder Junge gegessen?

Ali: Stücke Ivo: Stücke

Leo: Stücke

7 Sara, Sibel und Sophie erhalten zusammen 90 € Taschengeld im Monat. Sibel erhält fünf Euro mehr als Sara, Sophie erhält zehn Euro mehr als Sara.
Wie viel Euro bekommt jedes Mädchen?

Sara: € Sibel: € Sophie: €

8 Eine Gruppe Pfadfinder unternimmt eine Radtour. Insgesamt legen sie an vier Tagen 200 km zurück. Am zweiten Tag schaffen sie 13 km mehr als am ersten und am dritten Tag 7 km mehr als am ersten. Am letzten Tag ist ihre Strecke genauso lang wie am ersten.
Wie viele Kilometer hat die Gruppe an jedem Tag zurückgelegt?

1. Tag: km 3. Tag: km

2. Tag: km 4. Tag: km

9 Bei den olympischen Winterspielen besteht der Wettbewerb im Zweierbob aus vier Läufen.
Im Jahr 2022 gewannen Laura Nolte und Deborah Levi die Goldmedaille. Ihre Gesamtzeit betrug 243,96 s.
Im zweiten Lauf waren sie 0,03 s schneller als im ersten, im dritten Lauf waren sie 0,34 s schneller als im ersten und im vierten Lauf 0,17 s langsamer als im ersten.
Bestimme die Zeit für jeden der vier Läufe.

1. Lauf: s 3. Lauf: s

2. Lauf: s 4. Lauf: s

Gleichungen in der Geometrie

1 Der Umfang eines Rechtecks ist gegeben. Bestimme die Seitenlängen mithilfe einer Gleichung.

a)

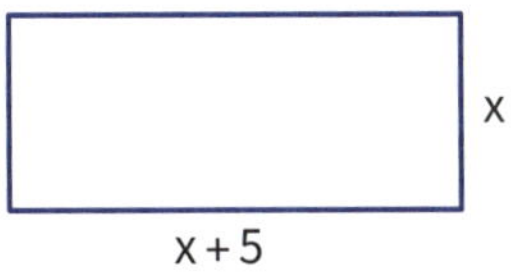

u = 90

Maße in cm

Gleichung: ____________________

Länge: ______ cm Breite: ______ cm

b)

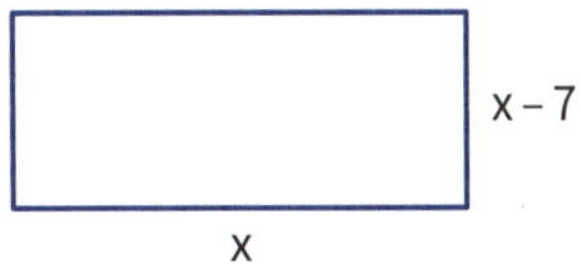

u = 50

Maße in cm

Gleichung: ____________________

Länge: ______ cm Breite: ______ cm

2 Der Umfang der Figur ist angegeben. Bestimme die Seitenlänge x mithilfe einer Gleichung.

a)

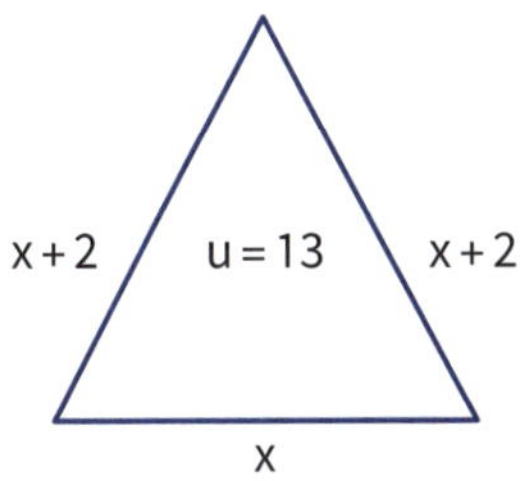

x = ______ cm

b)

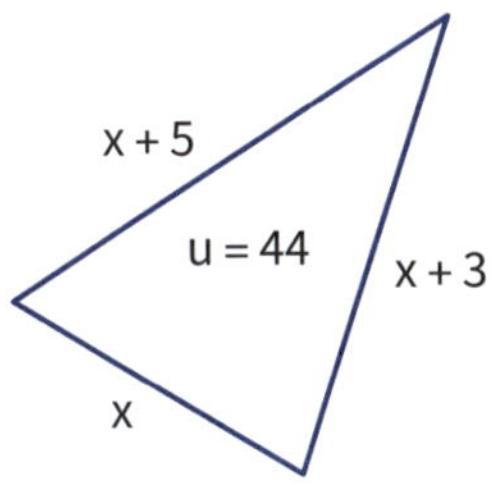

x = ______ cm

c)

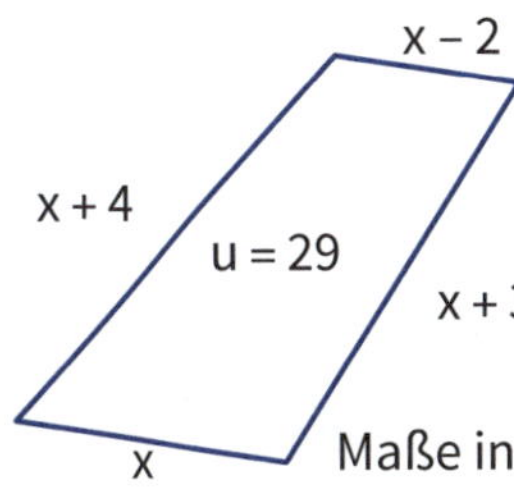

Maße in cm

x = ______ cm

3 a) In einem Dreieck ist die Seite a um 2 cm länger als die Seite c. Die Seite b ist um 2 cm kürzer als die Seite c. Der Umfang des Dreiecks beträgt 21 cm. Berechne die Länge jeder Seite.

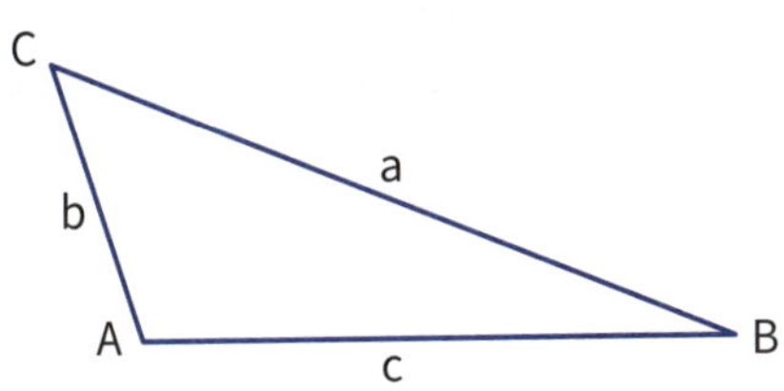

a = ______ cm b = ______ cm c = ______ cm

b) In einem gleichschenkligen Dreieck (a = b) ist jeder Schenkel 4 cm kürzer als die Basis c. Der Umfang des Dreiecks beträgt 28 cm. Berechne die Länge jeder Seite.

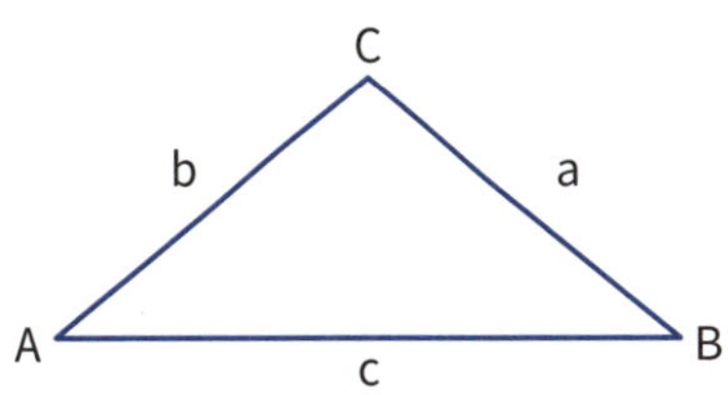

a = b = ______ cm c = ______ cm

Gleichungen in der Geometrie

4 Der Flächeninhalt der blau gefärbten Fläche ist angegeben. Bestimme die gesuchte Länge x mithilfe einer Gleichung.

a)
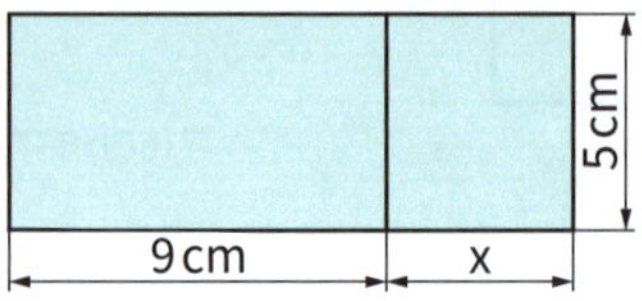

$A = 60\ cm^2$

x = cm

b)
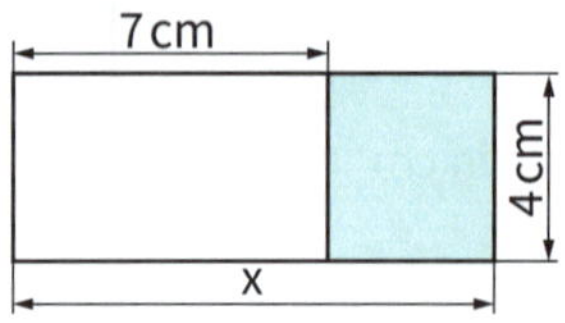

$A = 20\ cm^2$

x = cm

c)
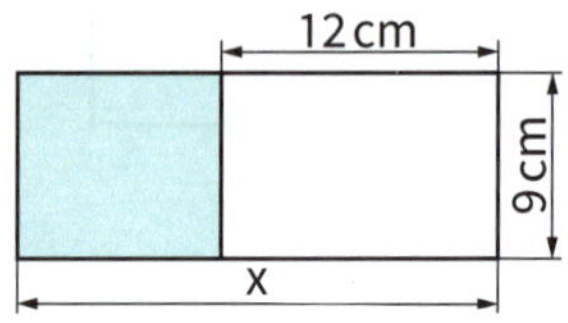

$A = 90\ cm^2$

x = cm

d)
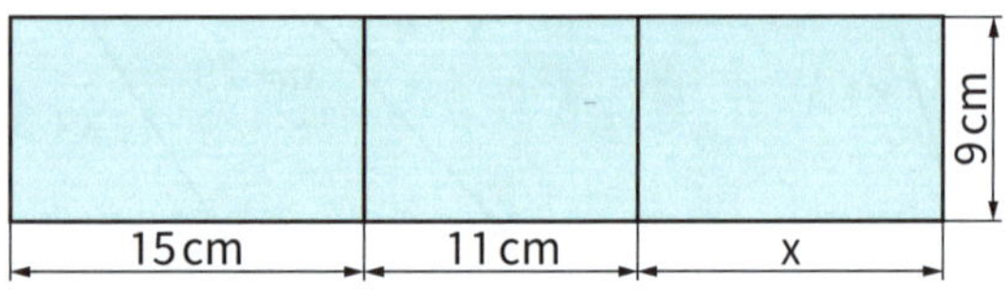

$A = 360\ cm^2$

x = cm

e)
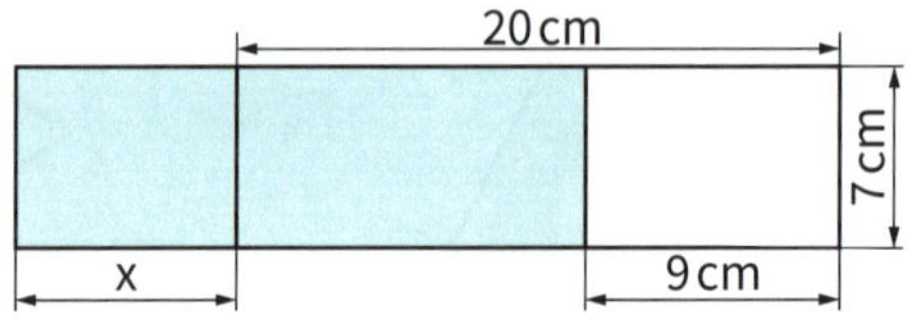

$A = 133\ cm^2$

x = cm

5 Berechne die Länge der Grundkante und die Höhe des Quaders mit quadratischer Grundfläche. Stelle zunächst eine Gleichung auf.

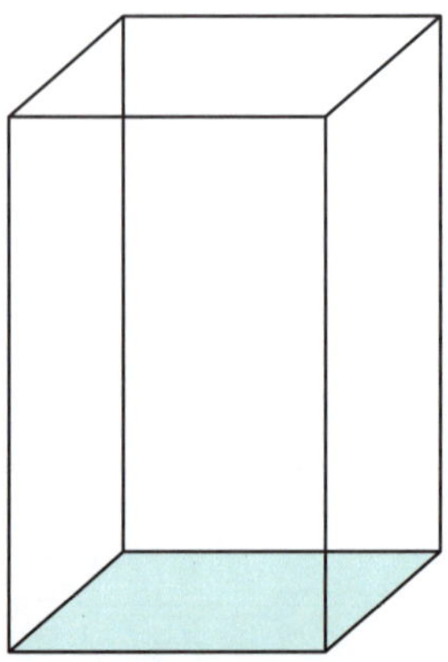

a) Die Höhe des Quaders ist dreimal so groß wie die Grundkante. Die Gesamtlänge aller Kanten beträgt 1,2 m.

Grundkante: cm Höhe: cm

b) Die Höhe des Quaders ist halb so groß wie die Grundkante. Die Gesamtlänge aller Kanten beträgt 80 cm.

Grundkante: cm Höhe: cm

Gleichungen mit x im Nenner

1 Im Sommer kommen Mara und Ella mit dem Fahrrad zur Schule. Mara legt den 2,5 km langen Schulweg mit einer Durchschnittsgeschwindigkeit von 10 $\frac{km}{h}$ zurück. Ellas Schulweg ist 5,5 km lang, sie erreicht eine Durchschnittsgeschwindigkeit von 11 $\frac{km}{h}$. Wie viel Minuten benötigt jedes Mädchen für die Fahrt zur Schule?

Dauer des Schulwegs:

Mara: ____ min Ella: ____ min

2 Bestimme das Volumen der Münze. Eine Feinunze (oz) entspricht 31,1 g. Runde auf zwei Stellen nach dem Komma. (Dichte: $\rho = \frac{m}{V}$)

a) Gold: $\rho = 19{,}3\ \frac{g}{cm^3}$ b) Silber: $\rho = 10{,}5\ \frac{g}{cm^3}$ c) Platin: $\rho = 21{,}4\ \frac{g}{cm^3}$ d) Kupfer: $\rho = 8{,}92\ \frac{g}{cm^3}$

1 oz

2 oz

10 oz

5 oz

V = ____ cm^3 V = ____ cm^3 V = ____ cm^3 V = ____ cm^3

3 Herr Novak fährt von Ulm nach Kiel. Die Entfernung beträgt 780 km. Der Tank seines Wagens ist mit 51 l Super gefüllt.

a) Wenn er nicht schneller als 100 $\frac{km}{h}$ fährt, verbraucht sein Wagen sechs Liter Super auf 100 km.
Reicht die Tankfüllung für die gesamte Strecke?

Antwort: ______________________________

____

b) Wenn er möglichst schnell ankommen will, steigt der Verbrauch auf 7,5 l Super je 100 km.
Muss Herr Novak unterwegs tanken?

Antwort: ______________________________

____

AUSGANGSTEST 2 – Gleichungen

1 Bestimme die Lösungsmenge ($G = \mathbb{N}$).

a) $9x + 8 - 3x - 1 = 19$

b) $6(x + 7) = 66$

c) $8x - 13 = 5x + 8$

d) $11x + 8 = 3x + 80$

2 Multipliziere die Klammern aus, fasse gleichartige Summanden zusammen und bestimme die Lösungsmenge ($G = \mathbb{N}$).

a) $4(x - 8) + 2x = 4 + 2(x - 6)$

b) $9(x - 1) + 4(x - 3) = 7x - 3(x - 2)$

3 Der Umfang der Figur ist angegeben. Bestimme die Seitenlänge x mithilfe einer Gleichung.

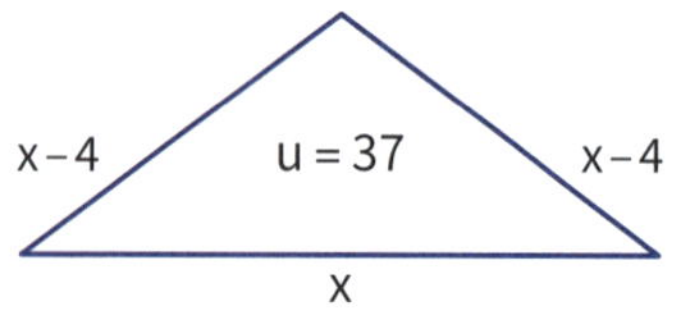

Maße in cm

x = ______ cm

4 Eine Dose enthält 50 Lebkuchen in Form von Sternen, Herzen und Brezeln.
Die Anzahl der Herzen ist um 10 größer als die der Sterne. Die Anzahl der Brezeln ist um 5 kleiner als die der Sterne.
Wie viele Lebkuchen von jeder Form sind in der Dose?

Sterne: ______ Herzen: ______ Brezeln: ______

5 Ein Rundstab aus Aluminium wiegt 135 g.
Bestimme sein Volumen mithilfe einer Gleichung.

Dichte von Aluminium:
$\rho = 2{,}7\,\frac{g}{cm^3}$

V = ______ cm^3

3 Prozent- und Zinsrechnung

Grundaufgaben der Prozentrechnung

Prozentwert berechnen

28 % von 420 € sind ▢ €.

Gegeben: G = 420 €
p % = 28 %

Gesucht: W

$W = \frac{G \cdot p}{100}$

$W = \frac{420 \cdot 28}{100} = 117{,}60$

Der Prozentwert beträgt 117,60 €.

Grundwert berechnen

45 % ≙ 144 kg; 100 % ≙ ▢ kg

Gegeben: W = 144 kg
p % = 45 %

Gesucht: G

$G = \frac{W \cdot 100}{p}$

$G = \frac{144 \cdot 100}{45} = 320$

Der Grundwert beträgt 320 kg.

Prozentsatz berechnen

63 g sind ▢ von 180 g.

Gegeben: G = 180 g
W = 63 g

Gesucht: p %

$p\,\% = \frac{W \cdot 100}{G}\,\%$

$p\,\% = \frac{63 \cdot 100}{180}\,\% = 35\,\%$

Der Prozentsatz beträgt 35 %.

1 Vervollständige die Tabelle.

	a)	b)	c)	d)	e)	f)
Grundwert (G)		700 m	60 min		180 *l*	
Prozentsatz (p %)	16 %	6 %		60 %	15 %	19 %
Prozentwert (W)	80 kg		15 min	90 m²		28,50 €

2 Kartoffelchips enthalten 32 % Fett. Lars hat während eines Computerspiels eine Packung gegessen. Damit hat er 80 g Fett zu sich genommen.

Gegeben: ______________________

Gesucht: ______________________

Antwort: ______________________

3 336 von 840 Schülerinnen und Schülern einer Schule geben an, dass sie mit dem Essen in der Schulmensa „sehr zufrieden" sind.

Gegeben: ______________________

Gesucht: ______________________

Antwort: ______________________

4 Tims Aquarium hat ein Volumen von 240 Litern. Es ist zu 85 % mit Wasser gefüllt.

Gegeben: ______________________

Gesucht: ______________________

Antwort: ______________________

Prozentuale Zunahme

Der Preis für ein Elektroauto betrug bisher 46 200 €. Er wird um 5 % erhöht.

alter Preis ≙ 100 %	Erhöhung ≙ 5 %
neuer Preis ≙ 105 %	

$W = \frac{46\,200 \cdot 105}{100} = 48\,510$

Das Fahrzeug kostet jetzt 48 510 €.

1 Vervollständige die Tabelle.

ursprünglicher Preis	Erhöhung	erhöhter Preis
35 €	20 %	
450 €	24 %	
7 320 €	15 %	
4 175 €	28 %	
7 860 €	35 %	

2 Karla erhielt bisher 28 € Taschengeld im Monat. Nach ihrem 14. Geburtstag erhält sie 25 % mehr.

3 In Wiesdorf leben 1 450 Menschen, die älter als 65 Jahre sind. In zehn Jahren wird ihre Anzahl um 16 % höher sein.

4 Im Jahr 2020 wurden in Deutschland 178 000 Pkw mit reinem Elektroantrieb produziert. Im folgenden Jahr waren es 85 % mehr.

5 Die durchschnittliche Körpergröße elfjähriger Jungen beträgt 145 cm. Sie steigt bis zum 18. Lebensjahr um 24 % an.

6 Im Jahr 2022 nutzten 132 Millionen Personen die Fernverkehrszüge der Deutschen Bahn. Im Jahr 2023 waren es 15 % mehr.

Prozentuale Abnahme

Der Preis für ein Elektroauto beträgt 42 500 €. Frau Schmidt erhält 8 % Rabatt.

ursprünglicher Preis ≙ 100 %	
verringerter Preis ≙ 92 %	Rabatt ≙ 8 %

$W = \frac{42\,500 \cdot 92}{100} = 39\,100$

Das Fahrzeug kostet jetzt 39 100 €.

1 Vervollständige die Tabelle.

ursprünglicher Preis	Rabatt	verringerter Preis
95 €	20 %	
340 €	25 %	
2 550 €	22 %	
3 260 €	15 %	
8 125 €	28 %	

2 Mila erhält 30 € Taschengeld im Monat. Ihre jüngere Schwester erhält 30 % weniger.

3 Ein Einzelhandelsunternehmen betreibt 130 Warenhäuser. Aufgrund wirtschaftlicher Verluste werden 40 % dieser Häuser geschlossen.

4 Den ersten Teil eines zweiteiligen Fernsehkrimis sahen 7,5 Millionen Menschen. Beim zweiten Teil war die Zuschauerzahl um 12 % geringer.

5 Früher fuhren täglich 4 200 Fahrzeuge durch Alsdorf. Nach dem Bau der Umgehungsstraße ist ihre Anzahl um 75 % zurückgegangen.

6 Eine Fahrkarte des Verkehrsverbunds kostet am Automaten 8,80 €. Wer sie mithilfe einer App kauft, bezahlt 5 % weniger.

Prozentuale Veränderungen

1 Sarah erhält 35 € Taschengeld im Monat. Ihre Eltern erhöhen es um 10 %.

Antwort: ______________________

2 Eine Winterjacke kostete 98 €. Im Februar wird der Preis um 15 % reduziert.

Antwort: ______________________

3 Für die Wartung der Heizungsanlage berechnet der Installateur 280 €. Hinzu kommen noch 19 % Mehrwertsteuer.

Antwort: ______________________

4 Herr Oleschko bezahlt die Rechnung des Malermeisters über 4 250 € sofort. Vom Rechnungsbetrag zieht er 2 % Skonto ab.

Antwort: ______________________

5 Die Sportgemeinschaft Hitdorf hat jetzt 1 275 Mitglieder. Im Vergleich zum Vorjahr ist die Mitgliederzahl um 2 % gestiegen.

Antwort: ______________________

6 In diesem Jahr hat Familie Scheid 1 702 m^3 Wasser verbraucht. Das sind 8 % weniger als im vergangenen Jahr.

Antwort: ______________________

7 Ein Smartphone kostet ohne Vertrag 392,70 €. Auf der Rechnung wird auch die enthaltene Mehrwertsteuer von 19 % ausgewiesen.

Antwort: ______________________

8 Im Preis für ein Buch ist auch die enthaltene Mehrwertsteuer von 7 % enthalten. Auf der Rechnung werden dafür 1,82 € ausgewiesen.

Antwort: ______________________

Prozentuale Veränderungen

9 Ein Medienmarkt gibt seine Geschäftsräume auf. Deshalb wird der Preis für alle Artikel um 20 % reduziert. Am letzten Tag des Räumungsverkaufs werden die verringerten Preise noch einmal um 25 % herabgesetzt.

a) Berechne die Preise am letzten Tag des Räumungsverkaufs.

960 €

_______ €

120 €

_______ €

30 €

_______ €

360 €

_______ €

105 €

_______ €

280 €

_______ €

b) Wie viel Prozent des ursprünglichen Preises beträgt der Preis am letzten Tag des Räumungsverkaufs? _______ %

10 Herr Thiemann kauft für 20 000 € ein neues Auto. Der Wert des Wagens ist nach einem Jahr um 20 % geringer als beim Kauf, nach zwei Jahren um 20 % geringer als nach einem Jahr, nach drei Jahren um 20 % geringer als nach zwei Jahren usw.
Nach sechs Jahren will Herr Thiemann den Wagen verkaufen. Mit welchem Preis kann er rechnen?

Antwort: ______________________________

11 Am 1. Juli 2020 mietet Frau Kreß neue Geschäftsräume. Die Miete beträgt 1 600 € im Monat.
Sie wird alle zwei Jahre um 5 % erhöht.
Wie hoch ist die Miete am 1. Oktober 2030?

Antwort: ______________________________

12 Kreuze die richtige Aussage an.

	Am Ende kostet die Ware mehr als zu Beginn	Am Ende kostet die Ware genauso viel wie zu Beginn	Am Ende kostet die Ware weniger als zu Beginn
Der Preis einer Ware wird zunächst um 10 % erhöht und dann um 10 % verringert.			
Der Preis einer Ware wird zunächst um 10 % verringert und dann um 10 % erhöht.			
Der Preis einer Ware wird um 25 % erhöht und dann um 20 % verringert.			
Der Preis einer Ware wird um 15 % verringert und dann um 20 % erhöht.			

Grundaufgaben der Zinsrechnung

1 Die Zinsrechnung ist eine Anwendung der Prozentrechnung. Vervollständige den Text.

In der Zinsrechnung heißt der Grundwert ______________ (K), der ______________ heißt Zinsen (Z) und der Prozentsatz heißt ______________ (p %). Das Kapital entspricht immer ________ %.

Wenn nicht anders vereinbart, bezieht sich der Zinssatz auf den Zeitraum von ________ ________.

2 Kapital, Zinsen, Zinssatz: Gib an, welche Werte gegeben sind und welcher Wert gesucht wird.

a) Herr Klostermann legt 8 200 € zu einem Zinssatz von 1,9 % an.

Gegeben: ______________, ______________ Gesucht: ______________

b) Auf ihrem Festgeldkonto hat Frau Mai ein Guthaben von 9 500 €. Sie erhält nach einem Jahr 114 € Zinsen.

Gegeben: ______________, ______________ Gesucht: ______________

c) Herr Fiehe hat ein Darlehen zu einem Zinssatz von 3,8 % aufgenommen. Er bezahlt 684 € Zinsen im ersten Jahr.

Gegeben: ______________, ______________ Gesucht: ______________

d) Für ihr Guthaben von 7 800 € erhält Frau Meyer jährlich 0,9 % Zinsen.

Gegeben: ______________, ______________ Gesucht: ______________

e) Beim Kauf ihres Hauses hat Familie Muster ein Darlehen von 190 000 € aufgenommen. Sie muss dafür 7 230 € Zinsen im ersten Jahr zahlen.

Gegeben: ______________, ______________ Gesucht: ______________

3 Vervollständige.

a) Frau Wiese legt 5 000 € zu einem Zinssatz von 2,4 % an. Wie viel Euro Zinsen erhält sie nach einem Jahr?

Gegeben: ______________

Gesucht: ______________

%	€

Formel:

Antwort: ______________

____

b) Bei einem Zinssatz von 2 % erhält Herr Baumanns 224 € Zinsen. Wie hoch ist sein Guthaben?

Gegeben: ______________

Gesucht: ______________

%	€

Formel:

Antwort: ______________

____

c) Für ein Kapital von 11 000 € erhält Frau Isik 242 € Zinsen im Jahr. Zu welchem Zinssatz ist das Kapital angelegt?

Gegeben: ______________

Gesucht: ______________

€	%

Formel:

Antwort: ______________

____

Grundaufgaben der Zinsrechnung

4 Vervollständige die Tabelle.

	a)	b)	c)	d)	e)	f)
Kapital (K)	40 000 €	25 000 €		75 000 €	210 000 €	
Zinssatz (p %)		3,1 %	2,6 %	1,7 %		2,4 %
Zinsen (Z)	1 000 €		3 120 €		6 090 €	1 080 €

	g)	h)	i)	j)	k)	l)
Kapital (K)	11 000 €		21 000 €		9 560 €	
Zinssatz (p %)		3,3 %	1,9 %	1,1 %		2,8 %
Zinsen (Z)	297 €	1 188 €		616 €	239 €	91 €

5 Zur Taufe bekommt Frida 700 € von ihren Großeltern. Ihre Eltern eröffnen ein Konto bei einer Bank und bekommen einen Zinssatz von 2,5 %.

Frage: ______________________

Gegeben: ______________________

Gesucht: ______________________

Antwort: ______________________

6 Frau Solbach nimmt einen Kredit von 22 000 € auf. Nach einem Jahr muss sie 924 € Zinsen zahlen.

Frage: ______________________

Gegeben: ______________________

Gesucht: ______________________

Antwort: ______________________

Grundaufgaben der Zinsrechnung

7 Um ein Haus zu kaufen, hat Herr Haas bei der Bank ein Darlehen von 160 000 € aufgenommen. Er zahlt nach einem Jahr 5 600 € Zinsen.

Frage: ______

Gegeben: ______

Gesucht: ______

Antwort: ______

8 Daniel hat seine Ersparnisse zu einem Zinssatz von 1,4 % bei einer Bank angelegt. Er erhält 28 € Zinsen im ersten Jahr.

Frage: ______

Gegeben: ______

Gesucht: ______

Antwort: ______

9 Bei einem Zinssatz von 1,6 % erhält Frau Mau für ihr Sparguthaben im ersten Jahr 480 € Zinsen.

Frage: ______

Gegeben: ______

Gesucht: ______

Antwort: ______

10 Frau Brathe hat 50 000 € geerbt. Sie legt ihre Erbschaft bei ihrer Bank zu einem Zinssatz von 2,4 % an.

Frage: ______

Gegeben: ______

Gesucht: ______

Antwort: ______

11 Familie Pröbsting nimmt einen Kredit von 16 500 € auf. Nach einem Jahr zahlt sie 17 094 € zurück. Bestimme den Zinssatz.

Gegeben: ______

Gesucht: ______

Antwort: ______

12 Familie Ugur will für den Ausbau ihres Dachbodens einen Kredit bei der Stadtbank aufnehmen. Sie möchte im ersten Jahr pro Monat nicht mehr als 100 € Zinsen zahlen. Die Bank bietet für ein Darlehen von 5 000 € bis 50 000 € einen Zinssatz von 3,2 % an. Berechne, wie viel Euro die Kreditsumme höchstens betragen darf.

Gegeben: ______

Gesucht: ______

Antwort: ______

Grundaufgaben der Zinsrechnung

13 Frau Akcay legt 3 000 € für vier Jahre an.

Sparbrief (ab 2 500 €)
Jährliche Auszahlung der Zinsen
Zinssatz im 1. Jahr: 0,5 % Zinssatz im 2. Jahr: 0,8 %
Zinssatz im 3. Jahr: 1,2 % Zinssatz im 4. Jahr: 2 %

Berechne, wie viel Euro Zinsen Frau Akcay insgesamt erhält.

Antwort: ______________________

14 Anna, Marie und Johanna erhalten zu ihrer Konfirmation Geldgeschenke in unterschiedlicher Höhe. Alle drei legen ihren Geldbetrag bei verschiedenen Banken an. Anna erhält bei einem Zinssatz von 2,3 % nach einem Jahr 32,20 € Zinsen, Marie hat bei einem Zinssatz von 2,7 % nach einem Jahr 29,70 € Zinsen bekommen und Johanna erhält mit einem Zinssatz von 3,0 % im ersten Jahr Zinsen in Höhe von 37,50 €. Wer hat das meiste Geld zur Konfirmation erhalten?

Antwort: ______________________

15 Herr Tom, Frau Lücke, Herr Forster und Frau Aysa haben jeweils Geld erhalten. Sie legen ihr Geld für ein Jahr bei verschiedenen Banken an.
Bestimme, wer von ihnen die beste Anlage getätigt hat.

	Kapital	Zinsen	Zinssatz
Herr Tom	40 000 €	1 000 €	
Frau Lücke	35 000 €	945 €	
Herr Forster	12 000 €	348 €	
Frau Aysa	13 000 €	364 €	

Antwort: ______________________

16 Karam, Paul und Artem haben jeweils Geld auf einem Sparkonto angelegt. Von den Zinsen, die sie für ein Jahr erhalten, will sich jeder einen Wunsch erfüllen.

Karam hat 5 000 € zu 2,4 % angelegt, Paul 4 000 € zu 2,1 % und Artem 3 600 € zu 2,8 %.
Welchen Wunsch kann sich jeder der drei erfüllen?

Antwort: ______________________

Tageszinsen

1 Um eine Rechnung zu bezahlen, überzieht Frau Herbst ihr Girokonto 25 Tage um 1 080 €. Ihre Bank berechnet einen Zinssatz von 12,4 %.
Berechne, wie viel Euro Überziehungszinsen sie bezahlen muss.

Gegeben: K = ____ € p % = ____ % n = ____ Tage

Gesucht: ____________________

Antwort: ____________________

In der Zinsrechnung gilt: 1 Tag = $\frac{1}{360}$ Jahr

2 Vervollständige die Tabelle.

	a)	b)	c)
Kapital	13 500 €	12 960 €	27 450 €
Zinssatz	5,4 %	4,25 %	4,8 %
Zeit	20 Tage	52 Tage	152 Tage
Zinsen			

3 Vom 9. Januar bis zum 23. Januar hat Frau Erdu 72 000 € als Tagesgeld zu einem Zinssatz von 2,4 % angelegt.
Berechne die Zinsen.

Gegeben: ________, ________, ________

Gesucht: ________

Antwort: ____________________

4 Die Dispobank teilt ihren Kunden mit, dass ab sofort für die Überziehung des Girokontos ein Zinssatz von 9,6 % berechnet wird.

a) Frau Ehl hat ihr Girokonto bei der Dispobank. Für eine Kontoüberziehung von 15 Tagen bezahlt sie 7,20 € Zinsen. Berechne, um welchen Betrag sie ihr Konto überzogen hat. Setze dazu die gegebenen Größen in die Formel für die Tageszinsen ein und stelle nach K um.

Antwort: ____________________

b) Frau Schnock überzieht ihr Girokonto bei der Dispobank um 300 €. Die Zinsen betragen 3,60 €. Berechne, für wie viele Tage sie ihr Konto überzogen hat. Setze dazu die gegebenen Größen in die Formel für die Tageszinsen ein und stelle nach der gesuchten Größe um.

Antwort: ____________________

Mit dem Zinsfaktor rechnen

1 Ein Kapital von 4 000 € wird mit 3 % verzinst. Berechne das Guthaben nach einem Jahr auf zwei verschiedene Arten.

1. Lösungsweg (ohne Zinsfaktor):

2. Lösungsweg (mit dem Zinsfaktor 1,03):

Antwort: ______________________________

2 Vervollständige die Tabelle.

	a)	b)	c)	d)	e)
Startkapital (K_0)	5 000 €	800 €	10 000 €	700 €	40 €
Zinssatz		2 %	1,8 %		3 %
Zinsfaktor	1,01			1,022	
Guthaben/Kapital nach einem Jahr (K_1)					

3 Familie Samsi hat 100 000 € geerbt und dieses Guthaben zu einem Zinssatz von 1,2 % angelegt. Berechne ihr Kapital nach einem Jahr.

Antwort: ______________________________

4 Familie Yansik hat einen Teil ihres Vermögens auf einem Sparkonto zu einem Zinssatz von 1,8 % angelegt. Nach einem Jahr beträgt das Guthaben auf dem Sparkonto 1 527 €.
Berechne mithilfe des Zinsfaktors, wie viel Geld Familie Yansik auf dem Sparkonto angelegt hat.

Antwort: ______________________________

5 Herr Bernd hat zur Geburt seines Neffen Tom ein Konto für ihn eröffnet und 750 € auf das Konto eingezahlt. An Toms erstem Geburtstag beträgt das Guthaben auf dem Konto 765 €.
Berechne den Zinsfaktor. Gib den Zinssatz an, zu dem Herr Bernd das Geld angelegt hat.

Antwort: ______________________________

Zinseszinsen

1 Herr Kräft legt 15 000 € zu einem Zinssatz von 2 % an. Berechne das Kapital nach drei Jahren einschließlich Zinsen und Zinseszinsen auf zwei verschiedene Arten.

> Werden die Zinsen nicht abgehoben, sondern zusammen mit dem Guthaben im nächsten Jahr verzinst, spricht man von Zinseszinsen. Mithilfe von Potenzen kannst du die Zinseszinsen schnell berechnen.

Gegeben: K_0 = ______ € Zinsfaktor: ______ Laufzeit: ______ Jahre

Gesucht: K_3

1. Lösungsweg:

K_1 = ______ € · ______ = ______ €

K_2 = ______ € · ______ = ______ €

K_3 = ______ € · ______ = ______ €

2. Lösungsweg:

K_3 = ______ € · ______^{3} = ______ €

Antwort: ______________________________

2 Frau Özen legt 10 000 € zu einem Zinssatz von 2 % für einen längeren Zeitraum an.

a) Berechne ihr Kapital einschließlich Zinsen und Zinseszinsen nach drei Jahren.

Antwort: ______________________________

____

b) Berechne ihr Kapital nach 10 Jahren.

Antwort: ______________________________

____

3 Frau Weindorf legt 3 000 € zu einem Zinssatz von 1,5 % für vier Jahre an.

a) Berechne, wie viel Euro Zinsen sie nach vier Jahren erhält.

Antwort: ______________________________

____

b) Berechne, wie viel Euro Zinsen sie weniger erhalten hätte, wenn sie die Zinsen jeweils nach einem Jahr abgehoben hätte.

Antwort: ______________________________

____

Zinseszinsen

4 6 400 € werden für einen längeren Zeitraum zu einem Zinssatz von 2,5 % angelegt. Nach wie vielen Jahren ist das Kapital auf 7 422,04 € angewachsen?

Bestimme die Anzahl der Jahre durch systematisches Probieren.

Antwort: ____________________

____

Laufzeit	Kapital
2 Jahre	$K_2 = 6\,724$ €
3 Jahre	$K_3 = 6\,892{,}10$ €
4 Jahre	
5 Jahre	
6 Jahre	
7 Jahre	
8 Jahre	$K_8 = 7\,797{,}78$ €

5 Vervollständige die Tabelle.

	a)	b)	c)	d)
Startkapital	14 000 €	30 000 €	6 400 €	20 000 €
Zinssatz	2,75 %		2 %	
Zinsfaktor		1,016		1,03
Laufzeit				
Kapital am Ende der Laufzeit	19 386,97 €	32 997,69 €	6 791,73 €	26 878,33 €

6 Die Großeltern von Nuri haben für ihren Enkel 16 000 € angelegt. Der Zinssatz beträgt 2,5 %. Nuri darf über das Geld erst verfügen, wenn mehr als 18 000 € auf dem Konto sind. Berechne, wie lange Nuri warten muss, bis das Kapital auf 18 000 € angewachsen ist.

Antwort: ____________________

____

7 Herr Bolten legt 14 000 € zu einem Zinssatz von 2,5 % an.

a) Berechne sein Kapital einschließlich Zinsen und Zinseszinsen nach 12 Jahren.

Antwort: ____________________

____

b) Berechne, nach wie vielen Jahren sein Kapital auf 22 940 € angewachsen ist.

Antwort: ____________________

____

c) Berechne, nach wie vielen Jahren sich sein Kapital verdoppelt hat.

Antwort: ____________________

____

AUSGANGSTEST 3 – Prozent- und Zinsrechnung

1 Vervollständige die Tabelle.

a)

ursprünglicher Preis	Erhöhung	erhöhter Preis
780 €	15 %	
1 175 €	28 %	

b)

ursprünglicher Preis	Rabatt	verringerter Preis
144 €	25 %	
4 625 €	24 %	

2 Vervollständige die Tabelle.

a)

erhöhter Preis	Erhöhung	ursprünglicher Preis
510 €	36 %	
1 116 €	44 %	

b)

verringerter Preis	Rabatt	ursprünglicher Preis
874 €	5 %	
1 449 €	16 %	

3 a) Frau Roth verdiente bisher 3 250 € im Monat. Ihr Gehalt wird um 3,6 % erhöht.

b) Die Miete für das Haus von Familie Gül betrug bisher 825 € im Monat. Sie wird um 8 % erhöht.

4 a) Eine Kinokarte kostet 9,50 €. Dienstags erhalten Jugendliche eine Ermäßigung von 20 %.

b) Herr Keil bezahlt die Rechnung des Malermeisters über 4 250 € sofort. Vom Rechnungsbetrag zieht er 2 % Skonto ab.

5 a) Frau Beil zahlt jetzt im Monat 274,40 € für ihre Krankenversicherung. Das sind 12 % mehr als im Jahr zuvor.

b) Im Jahr 2022 fielen in Frankfurt am Main 544 mm Niederschlag. Das waren 15 % weniger als im Jahr 2021.

AUSGANGSTEST 3 – Prozent- und Zinsrechnung

6 Vervollständige die Tabelle.

	a)	b)	c)
Kapital (K)	2 280 €	16 500 €	
Zinssatz (p %)		3,4 %	1,2 %
Zinsen (Z)	34,20 €		42 €

7 a) Frau Sünnen hat 17 500 € zu einem Zinssatz von 0,8 % angelegt.

b) Vanessas Großeltern haben für ihre Enkelin ein Sparkonto eingerichtet. Bei einem Zinssatz von 0,5 % erhält Vanessa nach einem Jahr 85 € Zinsen.

c) Zur Finanzierung seiner Eigentumswohnung hat Herr Tosky ein Darlehen von 65 000 € aufgenommen. Er zahlt dafür 2 080 € Zinsen im ersten Jahr.

8 Zur Finanzierung ihres neuen Autos hat Frau Oblak ein Darlehen von 18 500 € aufgenommen.
Nach einem Jahr zahlt sie 18 907 € zurück.
Bestimme den Zinssatz des Darlehens.

9 Die Sparkasse Neustadt berechnet für die Überziehung des Girokontos einen Zinssatz von 9 %. Frau Grom überzieht ihr Konto für 26 Tage um 700 €. Frau Bentrup überzieht ihr Girokonto vom 6. April bis zum 26. Mai um 1 000 €. Berechne, wie viel Euro Zinsen jede der Frauen bezahlen muss.

10 Herr Tomson hat 7 000 € zu einem Zinssatz von 1,3 % angelegt. Berechne sein Guthaben nach 10 Jahren einschließlich Zinsen und Zinseszinsen.

11 Frau Kim überzieht ihr Girokonto für fünf Tage. Bei einem Zinssatz von 12 % bezahlt sie 0,60 € Zinsen. Berechne, um wie viel Euro sie ihr Konto überzogen hat.

Umfang und Flächeninhalt

Umfang und Flächeninhalt von Rechteck und Quadrat

1 Berechne den Flächeninhalt und den Umfang des Rechtecks. Achte auf die Einheiten. Ergänze die Tabelle.

	a)	b)	c)	d)
Seitenlänge a	1,6 m	16 cm	2,2 m	1,5 km
Seitenlänge b	8,0 m	250 mm	340 cm	800 m
Flächeninhalt A				
Umfang u				

Rechteck

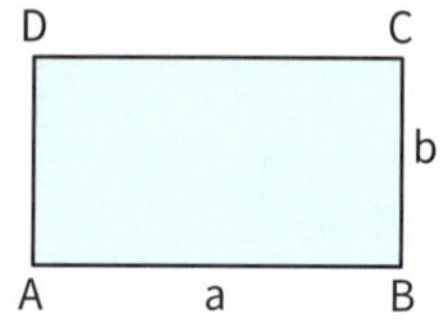

Flächeninhalt
$A = a \cdot b$
Umfang
$u = 2 \cdot a + 2 \cdot b$
$u = 2 \cdot (a + b)$

Quadrat

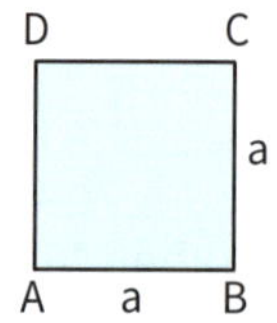

Flächeninhalt
$A = a \cdot a = a^2$
Umfang
$u = 4 \cdot a$

Längeneinheiten

1 m = 10 dm
1 dm = 10 cm 1 m = 100 cm
1 cm = 10 mm 1 km = 1 000 m

2 Zeichne die Vierecke mit den angegebenen Eckpunkten in das Koordinatensystem. Berechne anschließend den Flächeninhalt und den Umfang jedes Vierecks. Ergänze die Tabelle.

	Viereck I	Viereck II	Viereck III
Eckpunkte	A(−3|2) B(2|2) C(2|4) D(−3|4)	A(−4|−2) B(−1|−2) C(−1|1) D(−4|1)	A(0|−3) B(3|−3) C(3|1) D(0|1)
Flächen-inhalt			
Umfang			

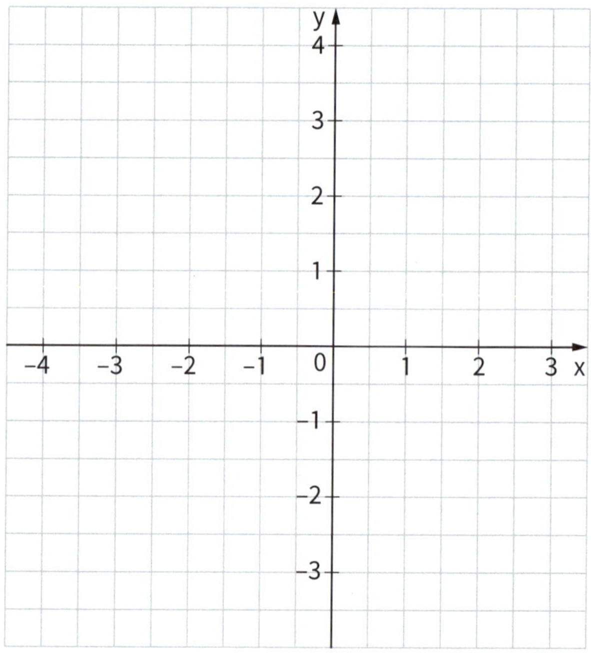

3 Berechne den Flächeninhalt und den Umfang der abgebildeten Figuren.

a)

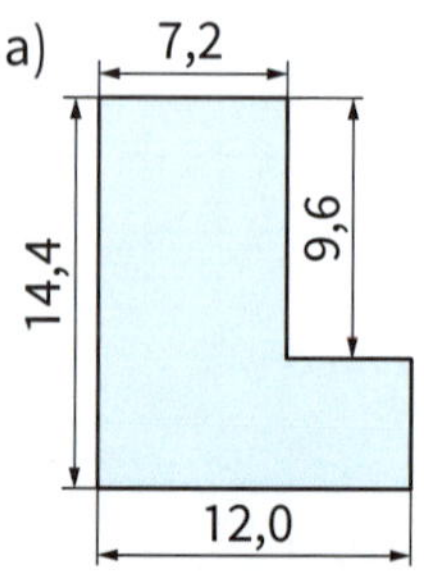

b)

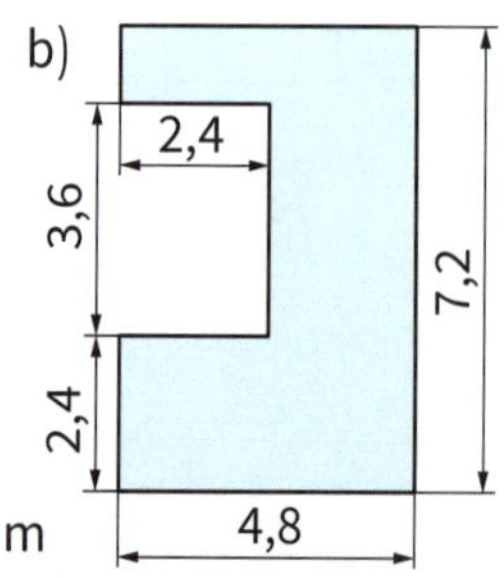

Maße in m

a) A = ____________ u = ____________

b) A = ____________ u = ____________

Umfang und Flächeninhalt eines Parallelogramms

1 Berechne jeweils den Flächeninhalt und den Umfang der abgebildeten Parallelogramme. Miss dazu die notwendigen Längen.

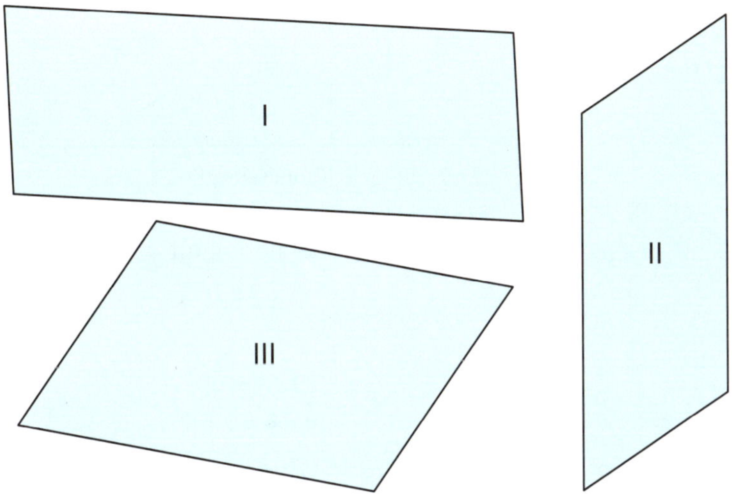

Parallelogramm

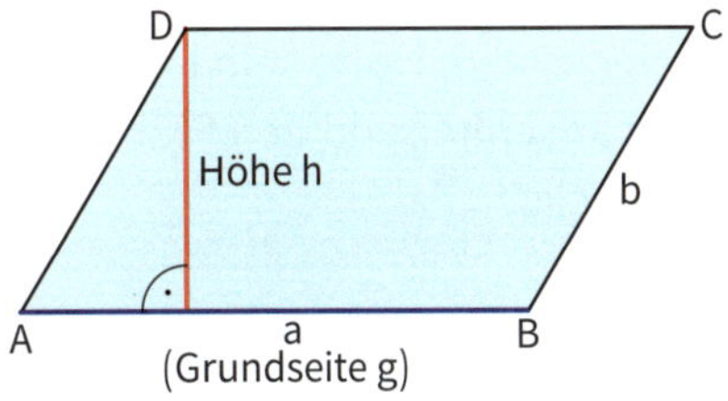

Flächeninhalt
$A = g \cdot h$

Umfang
$u = 2 \cdot a + 2 \cdot b$
$u = 2 \cdot (a + b)$

Ergänze die Tabelle.

Parallelogramm	Flächeninhalt	Umfang
I		
II		
III		

2 Zeichne die Parallelogramme mit den angegebenen Eckpunkten in das Koordinatensystem. Berechne anschließend den Flächeninhalt jedes Parallelogramms.

	Eckpunkte
I	A(−1|3), B(3|3), C(2|6), D(−2|6)
II	A(−5|−1), B(−2|−3), C(−2|3), D(−5|5)
III	A(−1|−3), B(4|−1), C(4|3), D(−1|1)

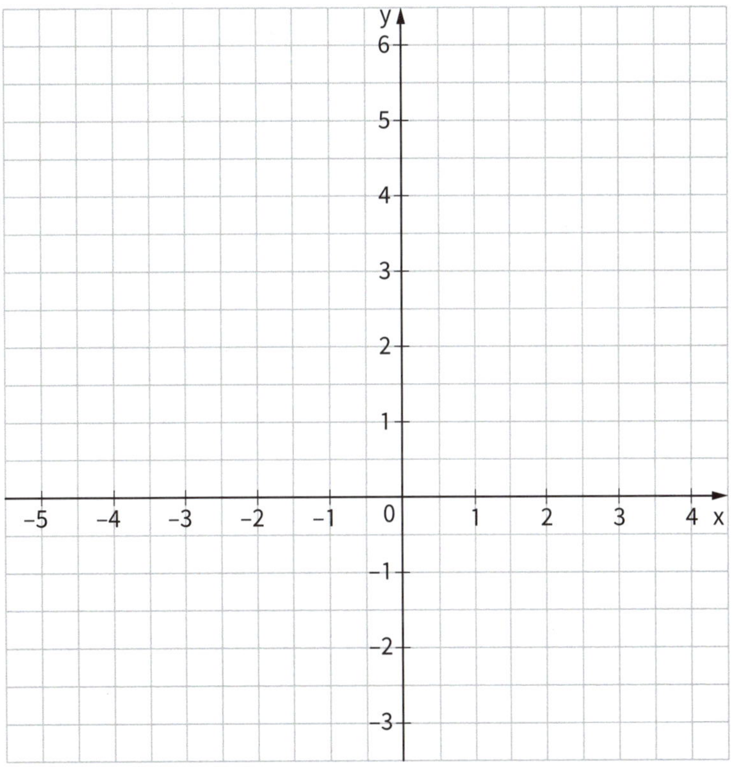

I: A = ____________ II: A = ____________ III: A = ____________

Umfang und Flächeninhalt eines Dreiecks

1 Markiere in jedem abgebildeten Dreieck zunächst eine Grundseite und die zugehörige Höhe farbig. Es gibt mehrere Möglichkeiten. Beachte auch, dass in manchen Dreiecken eine Dreiecksseite Höhe sein kann.
Berechne anschließend den Flächeninhalt und den Umfang jedes Dreiecks.

Dreieck

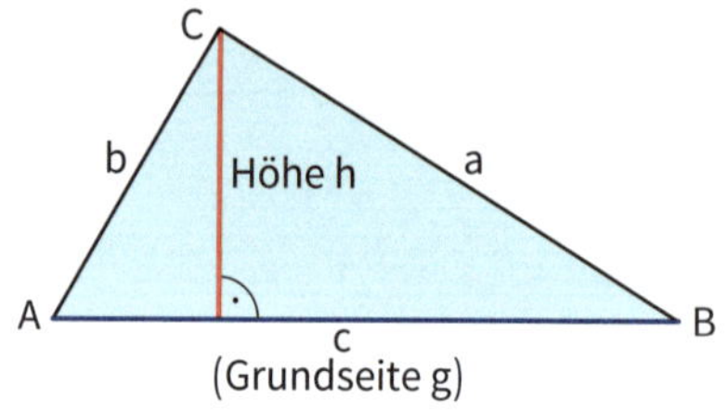

Flächeninhalt

$A = \frac{g \cdot h}{2}$

Umfang

$u = a + b + c$

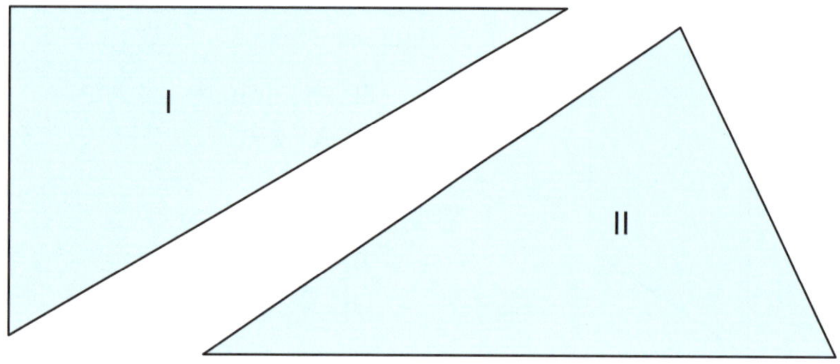

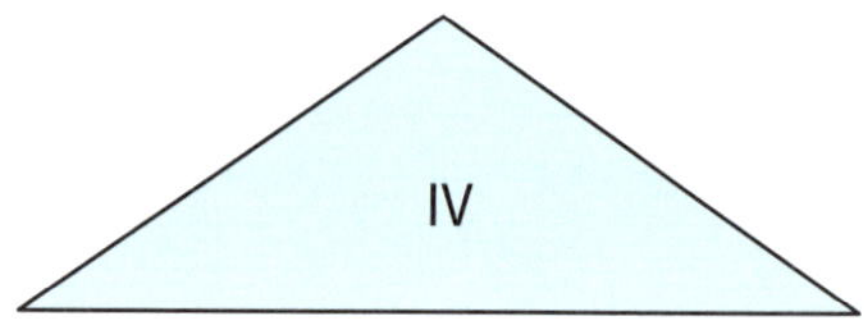

Ergänze die Tabelle.

	I	II	III	IV
Flächeninhalt A				
Umfang u				

2 Zeichne die Dreiecke ABC mit den angegebenen Eckpunkten in das Koordinatensystem. Berechne anschließend den Flächeninhalt jedes Dreiecks.

	Eckpunkte
I	A(−3 | −2), B(0 | 1), C(−3 | 2)
II	A(−1 | −2), B(4 | −2), C(2 | 2)
III	A(−2 | 5), B(3 | 2), C(3 | 5)

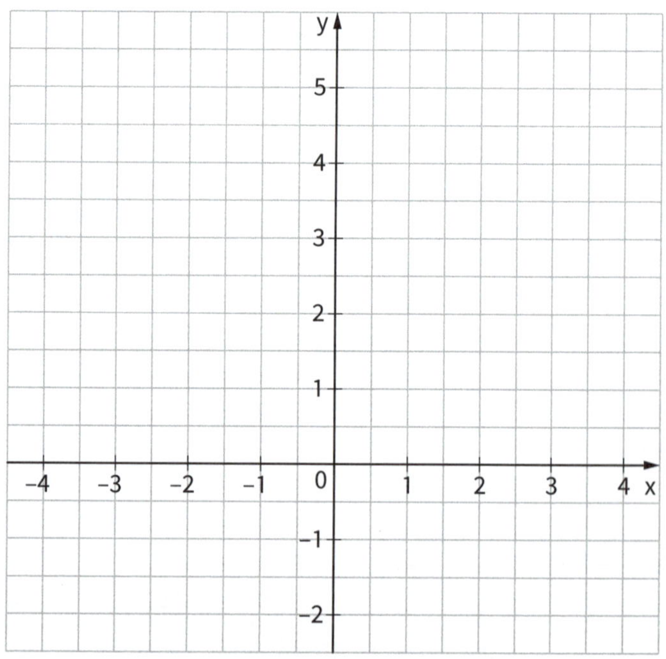

I: A = ____________ II: A = ____________ III: A = ____________

Umfang und Flächeninhalt eines Trapezes

1 Berechne jeweils den Flächeninhalt und den Umfang der abgebildeten Trapeze. Miss dazu die notwendigen Längen.

Trapez

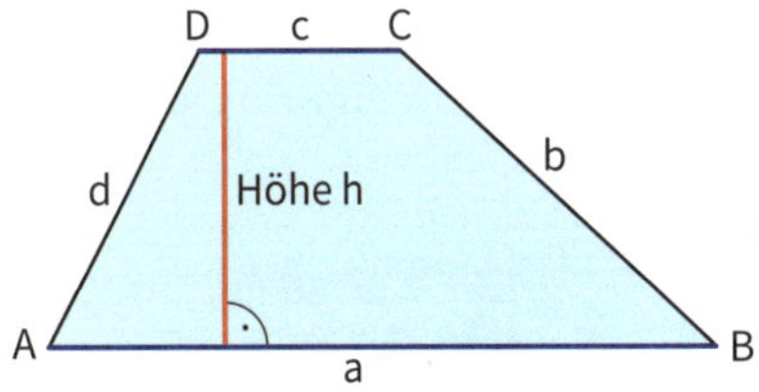

Flächeninhalt

$A = \frac{(a + c)}{2} \cdot h$

Umfang

$u = a + b + c + d$

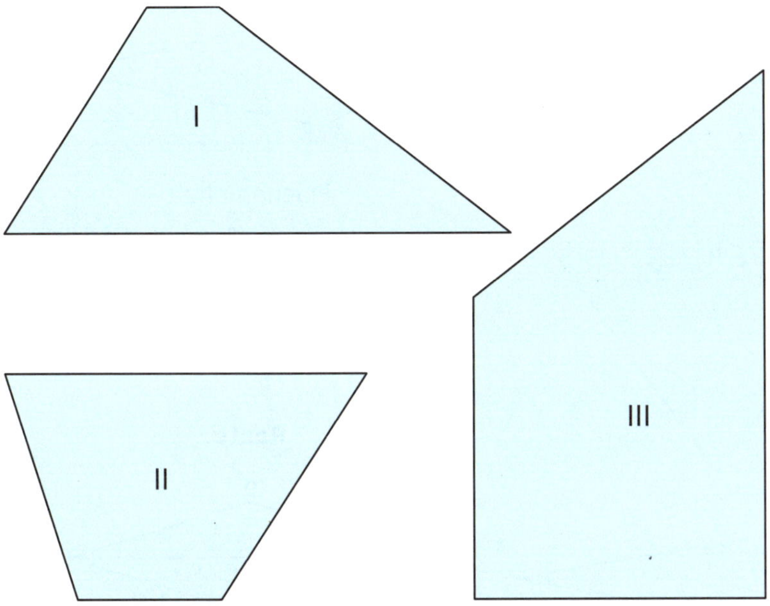

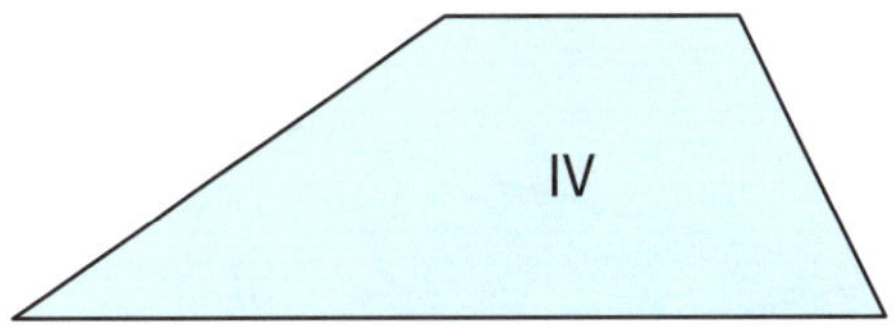

Ergänze die Tabelle.

Trapez	Flächeninhalt	Umfang
I		
II		
III		
IV		

2 Zeichne die Trapeze mit den angegebenen Eckpunkten in das Koordinatensystem. Berechne anschließend den Flächeninhalt jedes Trapezes.

	Eckpunkte
I	A(−4|2), B(5|2), C(0|4), D(−2|4)
II	A(−4|1), B(−4|−4), C(0|−2), D(0|1)
III	A(1|1), B(1|−4), C(5|−3), D(5|−2)

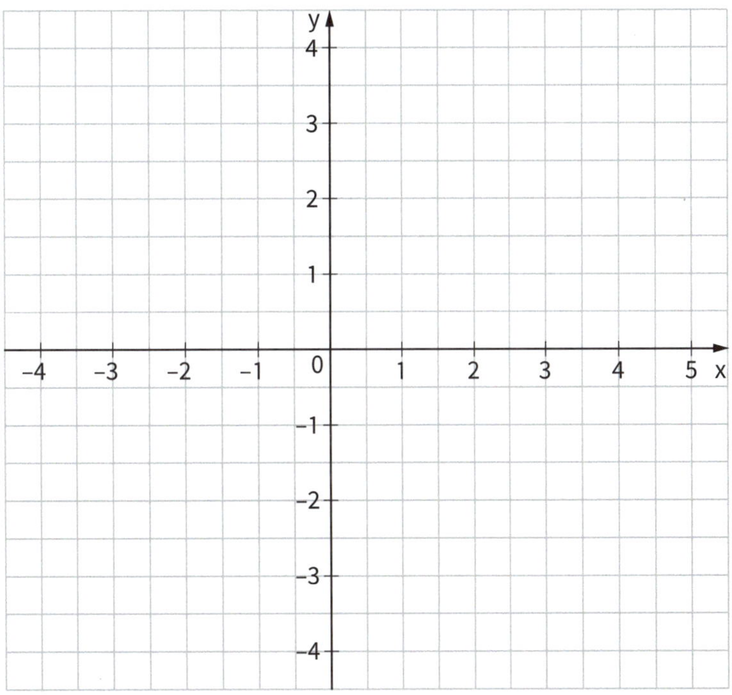

I: A = ____________ II: A = ____________ III: A = ____________

Umfang und Flächeninhalt von Drachen und Raute

1 Berechne jeweils den Flächeninhalt und den Umfang der abgebildeten Figuren. Überlege zunächst, welche Längen du dafür messen musst. Du kannst Hilfslinien einzeichnen. Gib auch an, um welche Figur es sich handelt. Ergänze die Tabelle.

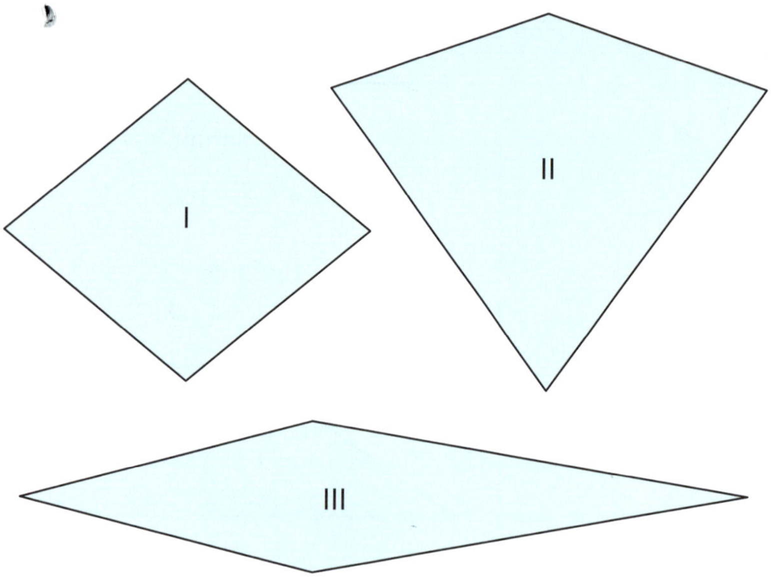

	I	II	III
Figur			
Flächeninhalt			
Umfang			

Drachen

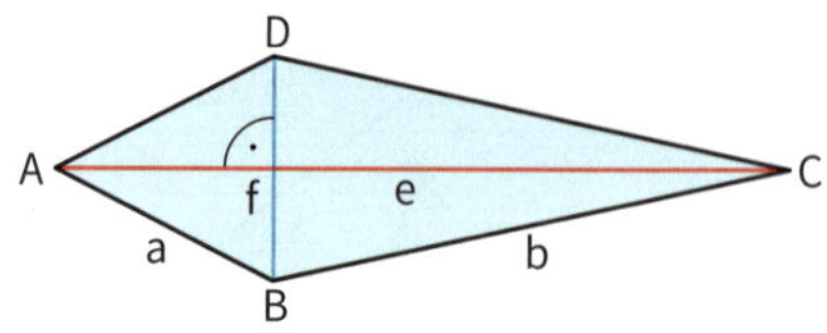

Flächeninhalt

$A = \frac{e \cdot f}{2}$

Umfang

$u = 2 \cdot (a + b)$

Raute

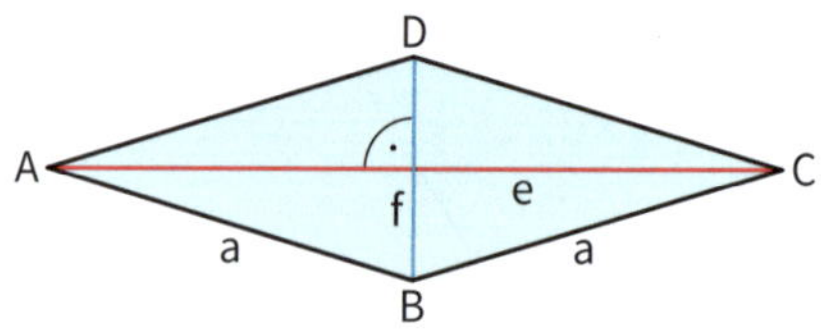

Flächeninhalt

$A = \frac{e \cdot f}{2}$

Umfang

$u = 4 \cdot a$

2 a) Zeichne die Punkte A(−3 | 1), B(−1 | −2) und C(4 | 1) in das Koordinatensystem. Trage einen Punkt D so ein, dass du den Drachen mit den Eckpunkten A, B, C und D erhältst.

D(|)

b) Bestimme den Flächeninhalt der Figur.

A = ____________________

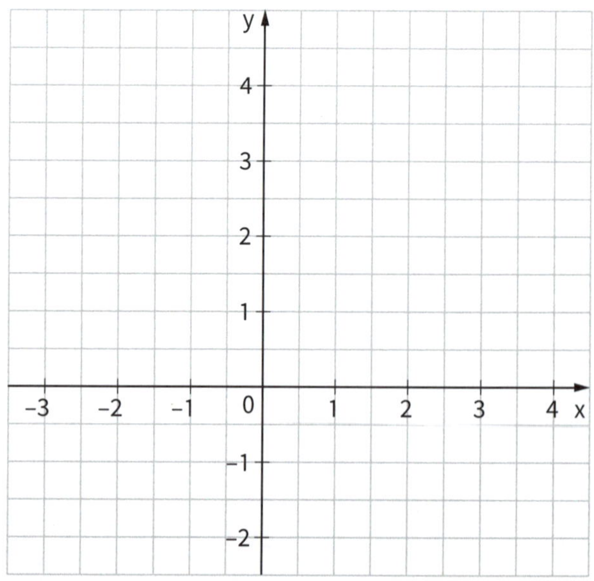

Umfang und Flächeninhalt zusammengesetzter Figuren

1 Berechne den Flächeninhalt und den Umfang der Figur.

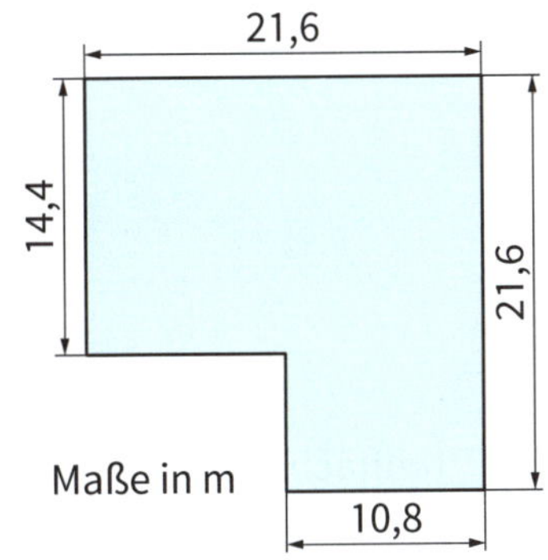

A = ____________ u = ____________

2 Berechne den Flächeninhalt der Figur. Zerlege sie dazu in geeignete Teilflächen. Entnimm die benötigten Größen der Zeichnung.
Bestimme auch den Umfang jeder Figur.

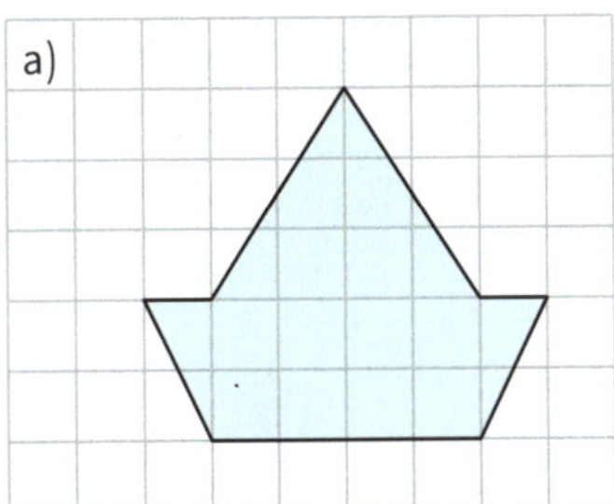

A = ____________ u = ____________

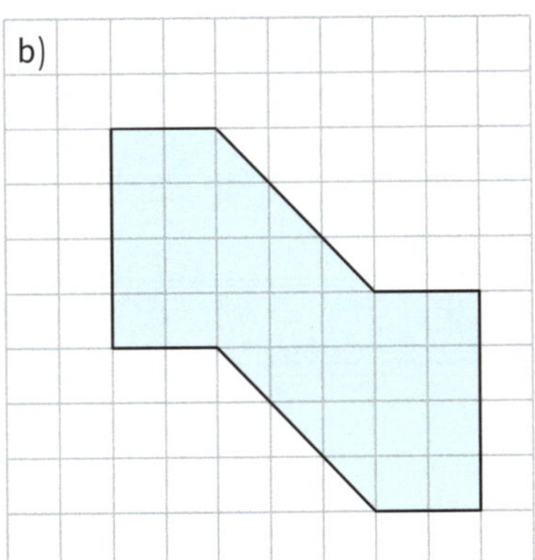

A = ____________ u = ____________

3 Berechne den Flächeninhalt des Sechsecks, indem du es in geeignete Teilflächen zerlegst. Es gibt mehrere Möglichkeiten.

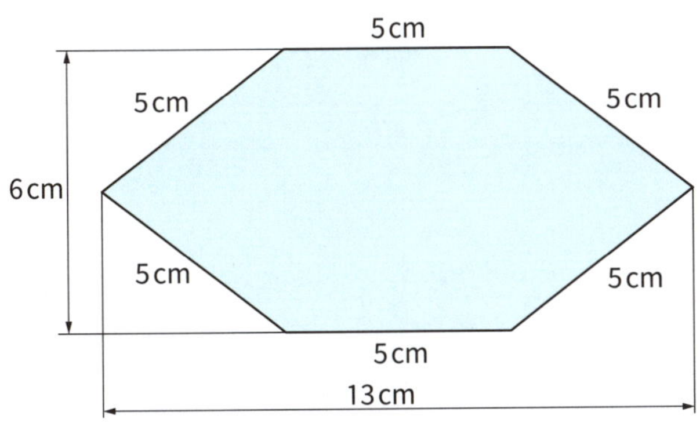

A = ____________

Flächeninhalt von Vielecken

So kannst du den Flächeninhalt eines Vielecks berechnen:

1. Zerlege das Vieleck mithilfe von Hilfslinien in geeignete Teilflächen (Rechteck, Parallelogramm, Trapez, ...).
2. Berechne die Inhalte der einzelnen Teilflächen.
3. Addiere die Inhalte der Teilflächen.

1 Berechne den Flächeninhalt des abgebildeten Vielecks.

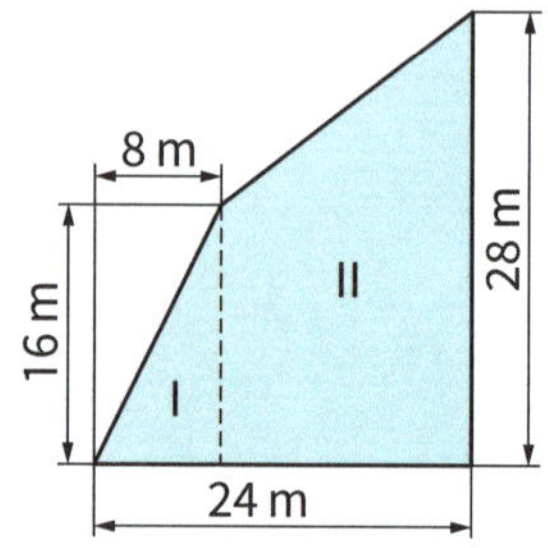

Teilfläche I: ____________ Teilfläche II: ____________

Grundseite: ____________ Grundseiten: ____________

Höhe: ____________ Höhe: ____________

Flächeninhalt: A = ____________ Flächeninhalt: A = ____________

Flächeninhalt des Vielecks: ____________________

2 Bestimme den Flächeninhalt des Vielecks. Zerlege das Vieleck in geeignete Teilflächen. Es gibt verschiedene Möglichkeiten.

a)

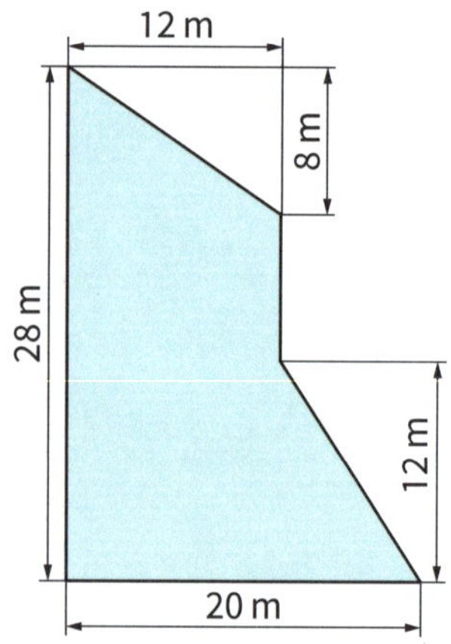

A = ____________________

b)

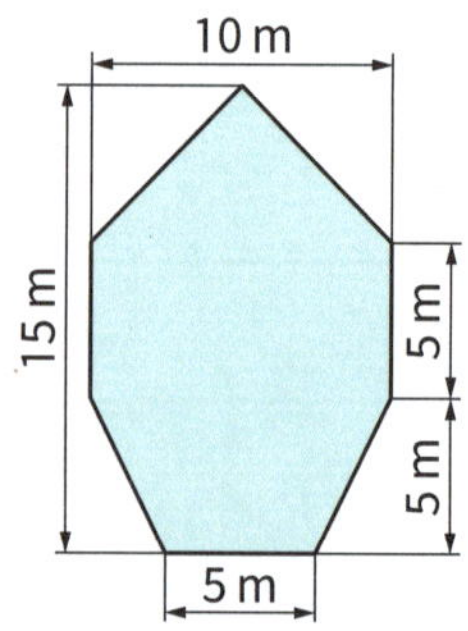

A = ____________________

c)

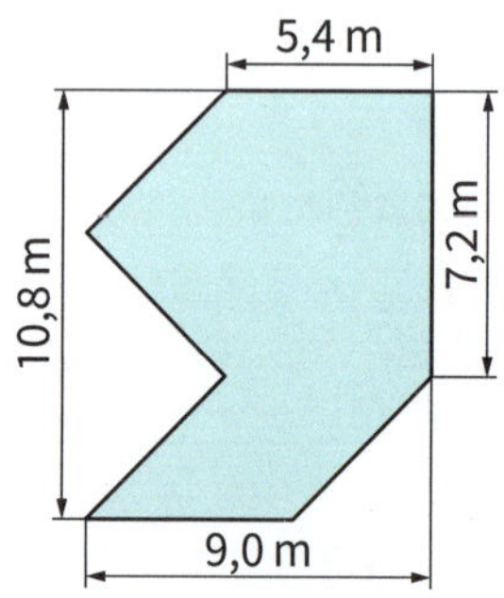

A = ____________________

Lösungen

Terme mit Klammern

Zu Seite 1

1 a) $8x+40$, $3a-21$, $10+5z$
b) $2r+2s$, $6u-6v$, $7a+7b$
c) $4a+8b$, $8p+2q$, $5x-40y$
d) $-t-3$, $-x+4$, $-2+z$
e) $-2x-2y$, $-6a+6b$, $-15+3t$
f) $-12a-4b$, $-2p-6q$, $-12x+18y$
g) $16x+8y-32$, $3u+3v+15w$, $22-11x-33y$
h) $-3a+9b-12c$, $-18r+12s+24t$, $-10p+6q-14$

2 a) $8x+40+2x+14=10x+54$
$9a+27+4a-24=13a+3$
$45+5t-21+3t=8t+24$
b) $6x+6y+2x+2y=8x+8y$
$4r+4s+3r-3s=7r+s$
$5u+5v-3u+3v=2u+8v$
c) $4x+12+7x+42+11x+11=22x+65$
$6u+6v+5w-5v-4u-4w=2u+v+w$
$12a+12b-3a+3b-6b+6a=15a+9b$
d) $8x+56+3x-18-10x+5=x+43$
$9y+18-5y+20-28+12y=16y+10$
$7r+21s-3s+6r-6s+6r=19r+12s$

Zu Seite 2

3 a) $7(x+y)$, $9(a-2b)$, $4(u+2v)$
b) $12(x+5)$, $15(x-4)$, $6(p-12)$

4 a) $5(a+7)$, $7(b+6)$, $9(c+7)$
b) $8(x-7)$, $4(y-12)$, $3(z-15)$
c) $11(r-4)$, $12(s+5)$, $13(t-4)$

5 a) $3(2x+5)$, $2(2x-7)$, $4(2x+5)$
b) $4(3x-4)$, $5(3x+7)$, $8(2x-3)$
c) $6(2x-3y)$, $27(x-3y)$, $10(2x-3y)$
d) $3(2x+5y+7)$, $2(4a-9b+10)$, $4(4s+5t+6)$
e) $4(3x-6y+5z)$, $3(5u-7v-w)$, $9(2p-3q+5r)$

6 a) $x(3y+7)$, $v(5u+3)$, $p(9q-5)$
b) $x(8y-5)$, $t(4s-3)$, $z(3-4t)$
c) $4r(s-2)$, $3b(3a+2)$, $4v(3u-1)$

7 a) $7x+3(x+4)=10x+12$
$2x+9(x-3)=11x-27$
$9x+4(x-5)=13x-20$
b) $8(x+7)+2(x-3)=10x+50$
$11(x-2)-4(x-7)=7x+6$
$11(x+2)-2(x-3)=9x+28$

Multiplikation von Summen

Zu Seite 3

1 a) $rt-ru+st-su$, $xz+tx-yz-ty$, $pr-ps-qr+qs$
b) $xy+4x+3y+12$, $ab+6a-5b-30$, $uv-4u-7v+28$
c) $8s+40-rs-5r$, $9u-uv-18+2v$, $18-3q-6p+pq$

2 a) $6pr+2ps+3qr+qs$, $4ax-12bx-ay+3by$, $7uw+uz-14vw-2vz$
b) $20ab+5a-12b-3$, $40x-16xy+15-6y$, $63-18u-77t+22tu$
c) $20xy-28x-15y+21$, $18p-6pq+99-33q$, $24t-15tw-80+50w$
d) $8uw+2tu-12vw-3tv$, $5rt-2ru+15st-6su$, $63pr-9ps-35qr+5qs$
e) $20ac-28ad-15bc+21bd$, $14pr-21ps+6qr-9qs$, $24ac-28ad-30bc+35bd$

Lösungen

3 $xy+5x+7y+35$ ③ $\quad$ $xy-7x-5y+35$ ④
$35-7y-5x+xy$ ⑤ $\quad$ $5y+35-xy-7x$ ⑥
$xy-5x-7y+35$ ② $\quad$ $7x-xy+35-5y$ ①

4 a) $(a+5)(b+4)=ab+4a+5b+20$
$(a+5)(b+8)=ab+8a+5b+40$
$(a+2)(b+7)=ab+7a+2b+14$

b) $(x-3)(y+7)=xy+7x-3y-21$
$(x-1)(y-3)=xy-3x-y+3$
$(x+2)(y-9)=xy-9x+2y-18$

Zu Seite 4

5 a) $x^2+9x+14$
$x^2+3x-88$
$x^2-14x+45$

b) $-t^2-7t+30$
$v^2-5v-84$
$-u^2+19u-60$

c) $6x^2+7x+2$
$21y^2-26y+8$
$12t^2-26t-88$

d) $12v^2+29v+15$
$8y^2-38y+35$
$35t^2+74t-24$

6 a) $4; a^2$
$7; b^2; 10b$
$6; c^2; 13c$

b) $5; x^2; 4x$
$2; y^2; 10y$
$9; z^2; 7z$

c) $1; 2x^2$
$2; 3t^2; 11t$
$4; 5u^2; 14u$

d) $2; 9v^2; 3v$
$2; 4z^2; 10z$
$4; 6r^2; 8r$

7 $(a-2)(a-6)$; $(a-6)(a-2)$; $(6-a)(2-a)$

8 a) $(x+5)(x+4)$
$(x+5)(x+10)$
$(x+6)(x+5)$

b) $(x+4)(x-2)$
$(x+5)(x-3)$
$(x+5)(x-2)$

---

1. binomische Formel

Zu Seite 5

1 a) $c^2+2cd+d^2$
$r^2+2rs+s^2$
$p^2+2pq+q^2$

b) $u^2+2uv+v^2$
$m^2+2mn+n^2$
$t^2+2tz+z^2$

c) $x^2+10x+25$
y^2+6y+9
$z^2+14z+49$

d) $r^2+18r+81$
s^2+2s+1
$t^2+12t+36$

e) $100+20a+a^2$
$225+30q+q^2$
$121+22v+v^2$

2 a) $9x^2+12x+4$
$16y^2+72y+81$
$25z^2+30z+9$

b) $49p^2+28pq+4q^2$
$9a^2+60ab+100b^2$
$25r^2+110rs+121s^2$

c) $9a^2+3ab+\frac{1}{4}b^2$
$\frac{1}{4}x^2+5xy+25y^2$
$36p^2+4pq+\frac{1}{9}q^2$

3 a) $(b+c)^2$
$(u+v)^2$
$(r+s)^2$

b) $(x+4)^2$
$(p+5)^2$
$(t+15)^2$

c) $(r+6s)^2$
$(2v+w)^2$
$(3x+y)^2$

4 a) $z^2+10z+25=(z+5)^2$
$x^2+14x+49=(x+7)^2$

b) $4r^2+20r+25=(2r+5)^2$
$9t^2+18t+9=(3t+3)^2$

c) $k^2+4k+4=(k+2)^2$
$9p^2+12pq+4q^2=(3p+2q)^2$

2. binomische Formel

Zu Seite 6

1 a) $p^2 - 2pq + q^2$
$x^2 - 2xy + y^2$
$d^2 - 2de + e^2$

b) $v^2 - 2vw + w^2$
$y^2 - 2yz + z^2$
$b^2 - 2bc + c^2$

c) $x^2 - 6x + 9$
$y^2 - 14y + 49$
$z^2 - 18z + 81$

d) $t^2 - 22t + 121$
$k^2 - 8k + 16$
$z^2 - 2z + 1$

e) $64 - 16y + y^2$
$144 - 24x + x^2$
$225 - 30w + w^2$

2 a) $25x^2 - 20x + 4$
$81y^2 - 126y + 49$
$64z^2 - 80z + 25$

b) $4r^2 - 12rs + 9s^2$
$25z^2 - 70tz + 49t^2$
$64p^2 - 176pq + 121q^2$

c) $4a^2 - 2ab + \frac{1}{4}b^2$
$\frac{1}{9}x^2 - 6xy + 81y^2$
$100u^2 - 4uv + \frac{1}{25}v^2$

3 a) $(r - s)^2$
$(p - q)^2$
$(c - d)^2$

b) $(x - 3)^2$
$(k - 7)^2$
$(t - 20)^2$

c) $(2a - 5b)^2$
$(3x - 2y)^2$
$(5r - 3s)^2$

4 a) $a^2 - 12a + 36 = (a - 6)^2$
$p^2 - 18p + 81 = (p - 9)^2$

b) $4t^2 - 28t + 49 = (2t - 7)^2$
$16s^2 - 24s + 9 = (4s - 3)^2$

c) $x^2 - 18x + 81 = (x - 9)^2$
$25p^2 - 30pq + 9q^2 = (5p - 3q)^2$

---

3. binomische Formel

Zu Seite 7

1 a) $p^2 - q^2$
$x^2 - y^2$
$t^2 - z^2$

b) $v^2 - w^2$
$m^2 - n^2$
$c^2 - d^2$

c) $z^2 - 25$
$a^2 - 49$
$k^2 - 121$

d) $t^2 - 36$
$r^2 - 100$
$u^2 - 1$

e) $4 - a^2$
$81 - x^2$
$144 - v^2$

2 a) $9z^2 - 100$
$121p^2 - 64$
$400t^2 - 81$

b) $4r^2 - 9s^2$
$100p^2 - 49q^2$
$81m^2 - 9n^2$

c) $4t^2 - \frac{1}{4}z^2$
$\frac{1}{9}a^2 - 36b^2$
$64u^2 - \frac{1}{16}v^2$

3 a) $(r + s)(r - s)$
$(m + n)(m - n)$
$(v + w)(v - w)$

b) $(x + 3)(x - 3)$
$(r + 7)(r - 7)$
$(t + 15)(t - 15)$

c) $(2a + 3b)(2a - 3b)$
$(5x + 6y)(5x - 6y)$
$(4r + 7s)(4r - 7s)$

4 a) $a^2 - 25 = (a + 5)(a - 5)$
$t^2 - 64 = (t + 8)(t - 8)$

b) $9x^2 - 1 = (3x + 1)(3x - 1)$
$49 - 4v^2 = (7 + 2v)(7 - 2v)$

c) $16x^2 - 9 = (4x + 3)(4x - 3)$
$25p^2 - 9q^2 = (5p + 3q)(5p - 3q)$

Flächeninhalte mit Termen beschreiben

Zu Seite 8

1 a) mit Klammern: $9(x + y)$; ohne Klammern: $9x + 9y$
b) mit Klammern: $5(a - b)$; ohne Klammern: $5a - 5b$
c) mit Klammern: $8(t - 3)$; ohne Klammern: $8t - 24$
d) mit Klammern: $(x + 2)(y + 4)$; ohne Klammern: $xy + 4x + 2y + 8$
e) mit Klammern: $(u + 5)(v - 3)$; ohne Klammern: $uv - 3u + 5v - 15$
f) mit Klammern: $b(a - 8)$; ohne Klammern: $ab - 8b$
g) mit Klammern: $(x + 4)(x + 4)$; ohne Klammern: $x^2 + 8x + 16$

Lösungen

2 ① A ② D ③ B
④ E ⑤ C ⑥ F

Zu Seite 9

3 a)

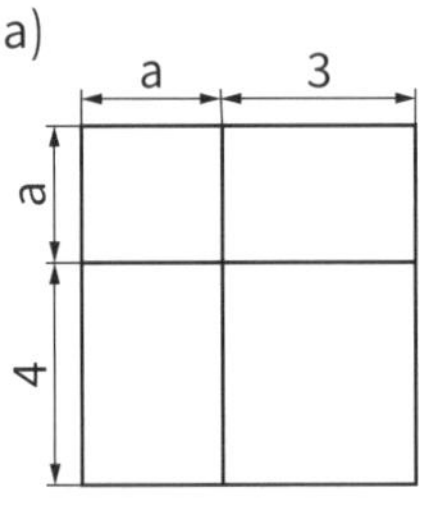

b)

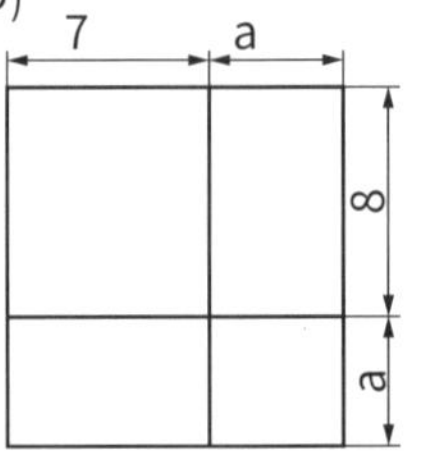

4 ①, ③ Figur A ②, ⑤ Figur B ④, ⑥ Figur C

5 a) $A = 20x - 20$ b) $A = 18x + 60$ c) $A = 7x + 5$ d) $A = 16x + 48$

AUSGANGSTEST 1 – Terme mit Klammern: Auswertung

Kreuze deine richtigen Ergebnisse an.

Zu Seite 10

1 a) $7x + 77$; $5a - 65$ ☐ b) $rs + 9r + 4s + 36$; $15 - 3v - 5u + uv$ ☐

2 a) $9x + 9$; $7u + 21v$ ☐ b) $20r^2 + 39r + 7$; $6t^2 - 37t + 45$ ☐

3 a) $3(x + 8)$; $5(y + 7)$ ☐ b) $3(2a - 5)$; $3(3b - 4)$ ☐ c) $7(3r - 7)$; $3(5s + 13)$ ☐

4 a) $u^2 + 2uv + v^2$; $p^2 - 2pq + q^2$ ☐ b) $r^2 - s^2$; $16x^2 - 9y^2$ ☐ c) $36a^2 - 84a + 49$; $u^2 - 10uv + 25v^2$ ☐ d) $81a^2 + 72ab + 16b^2$; $4s^2 - 12st + 9t^2$ ☐

5 a) $(p - 2)^2$; $(t + 4)^2$ ☐ b) $(x - 3y)^2$; $(3u + v)^2$ ☐ c) $(a + 7)(a - 7)$; $(5x + 2y)(5x - 2y)$ ☐

6 a) $8(x - 2) + 6$; $3x + 5(x - 2)$ ☐
b) $A = 6x - 3$ ☐

Ich kann ...	Aufgabe	Hilfen und Aufgaben
Klammern ausmultiplizieren.	1	Seite 9, 17
einen Term durch Ausmultiplizieren der Klammern und Zusammenfassen gleichartiger Summanden umformen.	2	Seite 10, 17
einen gemeinsamen Faktor ausklammern.	3	Seite 10, 17
die binomischen Formeln anwenden.	4, 5	Seite 13, 14, 15, 18
einen Term zur Bestimmung des Flächeninhalts einer geometrischen Figur angeben.	6	Seite 8, 19

Lösungen

Waagen im Gleichgewicht

Zu Seite 11

1 a) $2x+3=7 \quad |-3$
$2x=4 \quad |:2$
$x=2$

b) $3x+1=7 \quad |-1$
$3x=6 \quad |:3$
$x=2$

c) $4x+1=5 \quad |-1$
$4x=4 \quad |:4$
$x=1$

2 a) $11x+9=20 \quad |-9$
$11x=11 \quad |:11$
$x=1$

b) $9x+20=56 \quad |-20$
$9x=36 \quad |:9$
$x=4$

c) $5x+11=46 \quad |-11$
$5x=35 \quad |:5$
$x=7$

d) $7x-5=16 \quad |+5$
$7x=21 \quad |:7$
$x=3$

e) $11x-3=41 \quad |+3$
$11x=44 \quad |:11$
$x=4$

f) $7x-12=65 \quad |+12$
$7x=77 \quad |:7$
$x=11$

Zu Seite 12

3 a) $3x+1=x+7 \quad |-x$
$2x+1=7 \quad |-1$
$2x=6 \quad |:2$
$x=3$

b) $4x+3=x+9 \quad |-x$
$3x+3=9 \quad |-3$
$3x=6 \quad |:3$
$x=2$

c) $6x+1=2x+5 \quad |-2x$
$4x+1=5 \quad |-1$
$4x=4 \quad |:4$
$x=1$

4 a) $11x+1=3x+25 \quad |-3x$
$8x+1=25 \quad |-1$
$8x=24 \quad |:8$
$x=3$

b) $9x-10=4x+5 \quad |-4x$
$5x-10=5 \quad |+10$
$5x=15 \quad |:5$
$x=3$

c) $8x+11=5x-7 \quad |-5x$
$3x+11=-7 \quad |-11$
$3x=-18 \quad |:3$
$x=-6$

Gleichungen mit x auf einer Seite

Zu Seite 13

1 a) $x=5$ b) $x=15$ c) $x=18$ d) $x=31$

2 a) $x=4$ b) $x=5$ c) $x=8$ d) $x=7$

3 a) $x=6$ b) $x=20$ c) $x=4$ d) $x=5$
e) $x=7$ f) $x=8$ g) $x=17$ h) $x=9$
i) $x=6$ k) $x=3$

4 a) $x=33$ b) $x=56$ c) $x=72$

5 a) $x=\frac{3}{5}=0{,}6$ b) $x=\frac{1}{2}=0{,}5$ c) $x=\frac{3}{4}=0{,}75$ d) $x=\frac{4}{10}=\frac{2}{5}=0{,}4$

Zu Seite 14

6 a) $x=3$ b) $x=10$ c) $x=8$ d) $x=2$ e) $x=5$ f) $x=4$ g) $x=4$

7 a) $x=3$ b) $x=11$ c) $x=5$ d) $x=10$ e) $x=9$ f) $x=8$ g) $x=7$

Gleichungen mit x auf beiden Seiten

Zu Seite 15

1 a) $x=5$ b) $x=4$ c) $x=5$ d) $x=3$ e) $x=3$ f) $x=7$ g) $x=1$ h) $x=6$

2 a) $x=-16$ b) $x=3$ c) $x=-5$ d) $x=9$ e) $x=5$ f) $x=-6$

Zu Seite 16

3 a) zweite Zeile: -30 statt $+30$ b) zweite Zeile: -24 statt -4
c) dritte Zeile: $-2x$ statt $2x$

Lösungen

4 a) $x = 6$ b) $x = 4$ c) $x = 25$ d) $x = 14$

a)	b)	c)	d)
$x = 6$	$x = 4$	$x = 25$	$x = 14$
$x = 3$	$x = 9$	$x = 14$	$x = 3$
$x = 10$	$x = 2$	$x = 5$	$x = 15$
$x = 11$	$x = 4$	$x = 15$	$x = 5$
WIEN	OSLO	PRAG	RIGA

5 allgemeingültige Gleichungen: TOR
Gleichungen ohne Lösung: BAD

Zu Seite 17

6 a) $x = 10$ b) $x = 4$ c) $x = 20$ d) $x = 4$ e) $x = 6$ f) $x = 5$ g) $x = 4$

Zahlenrätsel

Zu Seite 18

1 $5x - 3 = 3x + 7$ Die gesuchte Zahl heißt 5.

2 a) $9x - 17 = 4x + 8$ Die gesuchte Zahl heißt 5.
b) $11x + 21 = 5x + 75$ Die gesuchte Zahl heißt 9.
c) $x \cdot 15 - 20 = 10x + 35$ Die gesuchte Zahl heißt 11.
d) $(x + 7) \cdot 8 = 7x + 59$ Die gesuchte Zahl heißt 3.
e) $(x - 3) \cdot 6 = 2x - 2$ Die gesuchte Zahl heißt 4.

Sachaufgaben

Zu Seite 19

1 a) Mia ist 14 Jahre alt. b) Amir ist 18 Jahre alt. Malik ist 15 Jahre alt.

2

	Term	Gewinn
Herr Schulte	x	1 500 €
Frau Kühn	$2x$	3 000 €
Frau Krüger	$3 \cdot 2x$	9 000 €

Gleichung: $x + 2x + 3 \cdot 2x = 13\,500$; $x = 1\,500$

3

	Term	Anzahl der Tore
Thea	x	2
Vesna	$x + 5$	7
Ceyda	$4x$	8

Gleichung: $x + x + 5 + 4x = 17$; $x = 2$

4 Das Kind ist 15 Jahre alt, der Vater ist 40 Jahre alt und der Großvater ist 75 Jahre alt.

Zu Seite 20

5 Anzahl der Schüler: 39; Anzahl der Schülerinnen: 46

6 Ali: 9 Stücke; Ivo: 10 Stücke; Leo: 6 Stücke

7 Sara: 25 €; Sibel: 30 €; Sophie: 35 €

8 1. Tag: 45 km; 2. Tag: 58 km; 3. Tag: 52 km; 4. Tag: 45 km

9 1. Lauf: 61,04 s; 2. Lauf: 61,01 s; 3. Lauf: 60,7 s; 4. Lauf: 61,21 s

Lösungen

Gleichungen in der Geometrie

Zu Seite 21

1 a) Gleichung: $4x + 10 = 90$; $x = 20$; Länge: 25 cm, Breite: 20 cm
b) Gleichung: $4x - 14 = 50$; $x = 16$; Länge: 16 cm, Breite: 9 cm

2 a) Gleichung: $3x + 4 = 13$; $x = 3$ cm
b) Gleichung: $3x + 8 = 44$; $x = 12$ cm
c) Gleichung: $4x + 5 = 29$; $x = 6$ cm

3 a) $a = 9$ cm; $b = 5$ cm; $c = 7$ cm
b) $a = b = 8$ cm; $c = 12$ cm

Zu Seite 22

4 a) $5(x + 9) = 60$; $x = 3$ cm
b) $4(x - 7) = 20$; $x = 12$ cm
c) $9(x - 12) = 90$; $x = 22$ cm
d) $9(x + 26) = 360$; $x = 14$ cm
e) $7(x + 11) = 133$; $x = 8$ cm

5 a) Grundkante: 6 cm; Höhe: 18 cm
b) Grundkante: 8 cm; Höhe: 4 cm

Gleichungen mit x im Nenner

Zu Seite 23

1 Dauer des Schulwegs: Mara: 15 min; Ella: 30 min

2 a) $V = 1{,}61\ cm^3$ b) $V = 5{,}92\ cm^3$ c) $V = 14{,}53\ cm^3$ d) $V = 17{,}43\ cm^3$

3 a) Ja, die Tankfüllung reicht, da das Auto für die Strecke 46,8 Liter Super verbraucht.
b) Ja, er muss unterwegs tanken, da das Auto für die Strecke 58,5 Liter Super benötigt.

AUSGANGSTEST 2 – Gleichungen: Auswertung

Kreuze deine richtigen Ergebnisse an.

Zu Seite 24

1 a) $x = 2$ ☐ b) $x = 4$ ☐ c) $x = 7$ ☐ d) $x = 9$ ☐

2 a) $x = 6$ ☐ b) $x = 3$ ☐

3 $x = 15$ cm ☐

4 Sterne: 15; Herzen: 25; Brezeln: 10 ☐

5 $V = 50\ cm^3$ ☐

Ich kann ...	Aufgabe	Hilfen und Aufgaben
eine Gleichung durch Umformen lösen.	1	Seite 28 – 32, 37
ein einfaches geometrisches Problem mithilfe einer Gleichung lösen.	3	Seite 35
bei einer Gleichung die Klammern ausmultiplizieren, gleichartige Summanden zusammenfassen und die Lösung bestimmen.	2	Seite 29, 37
ein Sachproblem mithilfe einer Gleichung lösen.	4, 5	Seite 34, 39
eine Gleichung mit x im Nenner lösen.	5	Seite 41

Lösungen

Grundaufgaben der Prozentrechnung

Zu Seite 25

1

	a)	b)	c)	d)	e)	f)
Grundwert (G)	500 kg	700 m	60 min	150 m²	180 l	150 €
Prozentsatz (p %)	16 %	6 %	25 %	60 %	15 %	19 %
Prozentwert (W)	80 kg	42 m	15 min	90 m²	27 l	28,50 €

2 Gegeben: Prozentwert, Prozentsatz
Gesucht: Grundwert
Antwort: Eine Packung enthält 250 g Chips.

3 Gegeben: Grundwert, Prozentwert
Gesucht: Prozentsatz
Antwort: 40 % der Schülerinnen und Schüler sind mit dem Essen in der Schulmensa „sehr zufrieden“.

4 Gegeben: Grundwert, Prozentsatz
Gesucht: Prozentwert
Antwort: Es sind 204 *l* Wasser im Aquarium.

Prozentuale Zunahme

Zu Seite 26

1

ursprünglicher Preis	Erhöhung	erhöhter Preis
35 €	20 %	42 €
450 €	24 %	558 €
7 320 €	15 %	8 418 €
4 175 €	28 %	5 344 €
7 860 €	35 %	10 611 €

2 Sie erhält jetzt 35 € Taschengeld im Monat.

3 In zehn Jahren werden 1 682 Menschen in Wiesdorf älter als 65 Jahre sein.

4 Im folgenden Jahr wurden 329 300 Pkw mit reinem Elektroantrieb produziert.

5 Die durchschnittliche Körpergröße der Jungen zum 18. Lebensjahr beträgt 179,8 cm.

6 Im Jahr 2023 nutzten 151,8 Millionen Personen die Fernverkehrszüge der Deutschen Bahn.

Prozentuale Abnahme

Zu Seite 27

1

ursprünglicher Preis	Rabatt	verringerter Preis
95 €	20 %	76 €
340 €	25 %	255 €
2 550 €	22 %	1 989 €
3 260 €	15 %	2 771 €
8 125 €	28 %	5 850 €

2 Milas jüngere Schwester erhält 21 € Taschengeld im Monat.

3 Es verbleiben 78 Warenhäuser.

4 Den zweiten Teil des Krimis sahen noch 6,6 Millionen Menschen.

5 Es fahren täglich nur noch 1 050 Fahrzeuge durch Alsdorf.

6 Mit einer App kostet die Fahrkarte 8,36 €.

Prozentuale Veränderungen

Zu Seite 28

1 Sarah erhält jetzt 38,50 €.

2 Der neue Preis der Jacke ist 83,30 €.

3 Die Rechnung beträgt 333,20 €.

4 Rechnungsbetrag: 4 165,00 €

5 Im Vorjahr waren es 1 250 Mitglieder.

6 Im vergangenen Jahr hat Familie Scheid 1 850 m^3 Wasser verbraucht.

7 Die Mehrwertsteuer beträgt 62,70 €.

8 Der Preis für das Buch inklusive Mehrwertsteuer beträgt 27,82 €.

Zu Seite 29

9 a) 576 € 72 € 18 €
216 € 63 € 168 €
b) 60 %

10 Er kann mit 5 242,88 € rechnen.

11 Die Miete beträgt dann 2 042,05 €.

12

	Am Ende kostet die Ware		
	mehr als zu Beginn	genauso viel wie zu Beginn	weniger als zu Beginn
Der Preis einer Ware wird zunächst um 10 % erhöht und dann um 10 % verringert.			X
Der Preis einer Ware wird zunächst um 10 % verringert und dann um 10 % erhöht.			X
Der Preis einer Ware wird zunächst um 25 % erhöht und dann um 20 % verringert.		X	
Der Preis einer Ware wird zunächst um 15 % verringert und dann um 20 % erhöht.	X		

Lösungen

Grundaufgaben der Zinsrechnung

Zu Seite 30

1 In der Zinsrechnung heißt der Grundwert Kapital (K), der Prozentwert heißt Zinsen (Z) und der Prozentsatz heißt Zinssatz (p %). Das Kapital entspricht immer 100 %.
Wenn nicht anders vereinbart, bezieht sich der Zinssatz auf den Zeitraum von einem Jahr.

2 a) Gegeben: Kapital, Zinssatz; Gesucht: Zinsen
b) Gegeben: Kapital, Zinsen; Gesucht: Zinssatz
c) Gegeben: Zinssatz, Zinsen; Gesucht: Kapital
d) Gegeben: Kapital, Zinssatz; Gesucht: Zinsen
e) Gegeben: Kapital, Zinsen; Gesucht: Zinssatz

3 a) Gegeben: Kapital, Zinssatz; Gesucht: Zinsen; Formel: $Z = \frac{K \cdot p}{100} = \frac{5000 \cdot 2{,}4}{100} = 120$
Frau Wiese erhält nach einem Jahr 120 € Zinsen.

b) Gegeben: Zinssatz, Zinsen; Gesucht: Kapital; Formel: $K = \frac{Z \cdot 100}{p} = \frac{224 \cdot 100}{2} = 11\,200$
Herr Baumanns Guthaben beträgt 11 200 €.

c) Gegeben: Kapital, Zinsen; Gesucht: Zinssatz; Formel: $p\,\% = \frac{Z \cdot 100}{K}\,\% = \frac{242 \cdot 100}{11\,000}\,\% = 2{,}2\,\%$
Das Kapital ist zu einem Zinssatz von 2,2 % angelegt.

Zu Seite 31

4

	a)	b)	c)	d)	e)	f)
Kapital (K)	40 000 €	25 000 €	120 000 €	75 000 €	210 000 €	45 000 €
Zinssatz (p %)	2,5 %	3,1 %	2,6 %	1,7 %	2,9 %	2,4 %
Zinsen (Z)	1 000 €	775 €	3 120 €	1 275 €	6 090 €	1 080 €

	g)	h)	i)	j)	k)	l)
Kapital (K)	11 000 €	36 000 €	21 000 €	56 000 €	9 560 €	3 250 €
Zinssatz (p %)	2,7 %	3,3 %	1,9 %	1,1 %	2,5 %	2,8 %
Zinsen (Z)	297 €	1 188 €	399 €	616 €	239 €	91 €

5 Frage: Wie viel Euro Zinsen erhalten sie nach einem Jahr?
Gegeben: Kapital, Zinssatz; Gesucht: Zinsen
Antwort: Sie erhalten 17,50 € Zinsen nach einem Jahr.

6 Frage: Wie hoch ist der Zinssatz?
Gegeben: Kapital, Zinsen; Gesucht: Zinssatz
Antwort: Der Zinssatz beträgt 4,2 %.

Zu Seite 32

7 Frage: Wie hoch ist der Zinssatz?
Gegeben: Kapital, Zinsen; Gesucht: Zinssatz
Antwort: Der Zinssatz beträgt 3,5 %.

8 Frage: Wie viel Euro hat er angelegt?
Gegeben: Zinssatz, Zinsen; Gesucht: Kapital
Antwort: Er hat 2 000 € angelegt.

9 Frage: Wie viel Euro hat sie angelegt?
Gegeben: Zinssatz, Zinsen; Gesucht: Kapital
Antwort: Sie hat 30 000 € angelegt.

10 Frage: Wie viel Euro Zinsen erhält sie nach einem Jahr?
Gegeben: Kapital, Zinssatz; Gesucht: Zinsen
Antwort: Sie erhält 1 200 € Zinsen nach einem Jahr.

11 Gegeben: Kapital, Zinsen; Gesucht: Zinssatz
Antwort: Der Zinssatz beträgt 3,6 %.

12 Gegeben: Zinsen, Zinssatz; Gesucht: Kapital
Antwort: Die Kreditsumme darf höchstens 37 500 € betragen.

Zu Seite 33

13 Sie erhält insgesamt 135 € Zinsen (15 € + 24 € + 36 € + 60 €).

14 Anna: 1 400 €; Marie: 1 100 €; Johanna: 1 250 €
Anna hat das meiste Geld zur Konfirmation bekommen.

15 Herr Tom: 2,5 %; Frau Lücke: 2,7 %; Herr Forster: 2,9 %; Frau Aysa: 2,8 %
Herr Forster hat mit 2,9 % die beste Anlage getätigt.

16 Karam: ein Paar Sneaker (Zinsen: 120 €)
Paul: zwei Tickets für den Freizeitpark (Zinsen: 84 €)
Artem: ein ferngesteuertes Rennauto (Zinsen: 100,80 €)

Tageszinsen

Zu Seite 34

1 Gegeben: K = 1 080 €, p % = 12,4 %, n = 25 Tage
Gesucht: Zinsen (Z)
Sie muss 9,30 € Überziehungszinsen bezahlen.

2

	a)	b)	c)
Kapital	13 500 €	12 960 €	27 450 €
Zinssatz	5,4 %	4,25 %	4,8 %
Zeit	20 Tage	52 Tage	152 Tage
Zinsen	40,50 €	79,56 €	556,32 €

3 Gegeben: K = 72 000 €, p % = 2,4 %, n = 14 Tage
Gesucht: Zinsen (Z)
Sie bekommt 67,20 € Zinsen.

4 a) Sie hat ihr Konto um 1 800 € überzogen ($K = \frac{Z \cdot 100 \cdot 360}{p \cdot n} = \frac{7{,}2 \cdot 100 \cdot 360}{9{,}6 \cdot 15} = 1\,800$).

b) Sie hat ihr Konto für 45 Tage überzogen ($n = \frac{Z \cdot 100 \cdot 360}{K \cdot p} = \frac{3{,}6 \cdot 100 \cdot 360}{300 \cdot 9{,}6} = 45$).

Mit dem Zinsfaktor rechnen

Zu Seite 35

1 1. Lösungsweg: $Z = \frac{K \cdot p}{100} = \frac{4000 \cdot 3}{100} = 120$

Guthaben nach einem Jahr: 4 000 € + 120 € = 4 120 €

2. Lösungsweg: 4 000 € · 1,03 = 4 120 €

Das Guthaben beträgt nach einem Jahr 4 120 €.

2

	a)	b)	c)	d)	e)
Startkapital (K_0)	5 000 €	800 €	10 000 €	700 €	40 €
Zinssatz	1 %	2 %	1,8 %	2,2 %	3 %
Zinsfaktor	1,01	1,02	1,018	1,022	1,03
Guthaben/Kapital nach einem Jahr (K_1)	5 050 €	816 €	10 180 €	715,40 €	41,20 €

Lösungen

3 Das Kapital beträgt nach einem Jahr 101 200 €.

4 Sie hat 1 500 € angelegt.

5 Der Zinsfaktor beträgt 1,02. Er hat das Geld mit einem Zinssatz von 2 % angelegt.

Zinseszinsen

Zu Seite 36

1 Gegeben: $K_0 = 15\,000$ €; Zinsfaktor: 1,02; Laufzeit: 3 Jahre
1. Lösungsweg: $K_1 = 15\,000 € \cdot 1{,}02 = 15\,300 €$
$K_2 = 15\,300 € \cdot 1{,}02 = 15\,606 €$
$K_3 = 15\,606 € \cdot 1{,}02 = 15\,918{,}12 €$
2. Lösungsweg: $K_3 = 15\,000 € \cdot 1{,}02^3 = 15\,918{,}12 €$
Das Kapital beträgt nach drei Jahren 15 918,12 €.

2 a) Das Kapital beträgt nach drei Jahren 10 612,08 €.
b) Das Kapital beträgt nach 10 Jahren 12 189,94 €.

3 a) Sie erhält nach vier Jahren 184,09 € Zinsen.
b) Sie hätte 4,09 € weniger bekommen (180 € Zinsen für 4 Jahre).

Zu Seite 37

4

Laufzeit	Kapital
2 Jahre	$K_2 = 6\,724$ €
3 Jahre	$K_3 = 6\,892{,}10$ €
4 Jahre	$K_4 = 7\,064{,}40$ €
5 Jahre	$K_5 = 7\,241{,}01$ €
6 Jahre	$K_6 = 7\,422{,}04$ €
7 Jahre	$K_7 = 7\,607{,}59$ €
8 Jahre	$K_8 = 7\,797{,}78$ €

Nach sechs Jahren ist das Kapital auf 7 422,04 € angewachsen.

5

	a)	b)	c)	d)
Startkapital	14 000 €	30 000 €	6 400 €	20 000 €
Zinssatz	2,75 %	1,6 %	2 %	3 %
Zinsfaktor	1,0275	1,016	1,02	1,03
Laufzeit	12 Jahre	6 Jahre	3 Jahre	10 Jahre
Kapital am Ende der Laufzeit	19 386,97 €	32 997,69 €	6 791,73 €	26 878,33 €

6 Nuri muss 5 Jahre warten.

7 a) Das Kapital beträgt nach 12 Jahren 18 828,44 €.
b) Nach 20 Jahren ist das Kapital auf 22 940 € angewachsen.
c) Nach 29 Jahren hat sich sein Kapital verdoppelt.

AUSGANGSTEST 3 – Prozent- und Zinsrechnung: Auswertung

Kreuze deine richtigen Ergebnisse an.

Zu Seite 38

1 a)

ursprünglicher Preis	Erhöhung	erhöhter Preis
780 €	15 %	897 €
1 175 €	28 %	1 504 €

☐

b)

ursprünglicher Preis	Rabatt	verringerter Preis
144 €	25 %	108 €
4 625 €	24 %	3 515 €

☐

2 a)

erhöhter Preis	Erhöhung	ursprünglicher Preis
510 €	36 %	375 €
1 116 €	44 %	775 €

☐

b)

verringerter Preis	Rabatt	ursprünglicher Preis
874 €	5 %	920 €
1 449 €	16 %	1 725 €

☐

3 a) Frau Roth verdient jetzt 3 367 € im Monat. ☐

b) Die Miete beträgt jetzt 891 €. ☐

4 a) Die Kinokarte kostet dienstags 7,60 €. ☐

b) Herr Keil muss 4 165 € bezahlen. ☐

5 a) Im Jahr zuvor zahlte sie 245 € im Monat. ☐

b) Im Jahr 2021 fielen 640 mm Niederschlag. ☐

Zu Seite 39

6

	a)	b)	c)
Kapital (K)	2 280 €	16 500 €	3 500 €
Zinssatz (p %)	1,5 %	3,4 %	1,2 %
Zinsen (Z)	34,20 €	561 €	42 €

☐

7 a) Sie erhält nach einem Jahr 140 € Zinsen. ☐

b) Die Großeltern haben 17 000 € auf das Konto eingezahlt. ☐

c) Der Zinssatz für sein Darlehen beträgt 3,2 %. ☐

8 Der Zinssatz für das Darlehen beträgt 2,2 %. ☐

Lösungen

9 Frau Grom muss 4,55 € Zinsen zahlen.
Frau Bentrup zahlt 12,50 € Zinsen für 50 Tage. ☐

10 Nach 10 Jahren beträgt sein Guthaben 7 965,12 €. ☐

11 Frau Kim hat ihr Konto um 360 € überzogen. ☐

Ich kann ...	Aufgabe	Hilfen und Aufgaben
prozentuale Zu- und Abnahme berechnen.	1	Seite 48, 49, 61, 64
prozentuale Veränderungen berechnen.	2	Seite 50, 61, 64
Sachaufgaben zur prozentualen Zu- und Abnahme lösen.	3, 4	Seite 48, 49, 61, 64
Sachaufgaben zu prozentualen Veränderungen lösen.	5	Seite 50, 61, 64
die Grundaufgaben der Zinsrechnung lösen.	6	Seite 53, 54, 62, 63
bei einer Sachaufgabe Zinsen, Kapital und Zinssatz berechnen.	7, 8	Seite 53, 54, 62, 63, 65
Tageszinsen im Sachzusammenhang berechnen.	9	Seite 55, 62, 63, 65
Zinseszinsen berechnen.	10	Seite 57, 62, 63
die Formel für Tageszinsen umformen.	11	Seite 68

Umfang und Flächeninhalt von Rechteck und Quadrat

Zu Seite 40

1

	a)	b)	c)	d)
Seitenlänge a	1,6 m	16 cm	2,2 m	1,5 km
Seitenlänge b	8,0 m	250 mm	340 cm	800 m
Flächeninhalt A	12,8 m^2	400 cm^2	7,48 m^2	1,2 km^2
Umfang u	19,2 m	82 cm	11,2 m	4,6 km

2

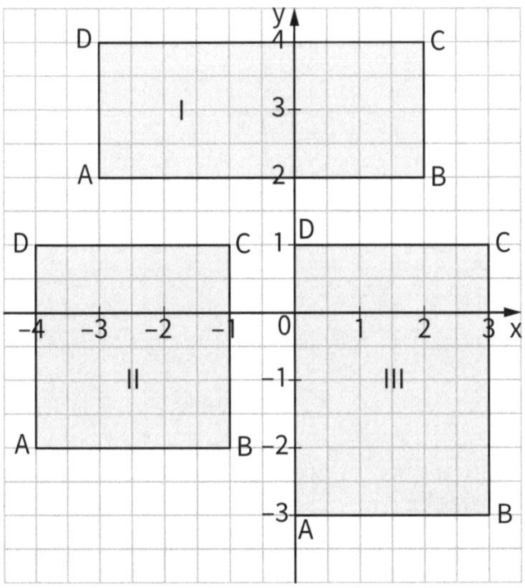

	Viereck I	Viereck II	Viereck III
Eckpunkte	A(−3|2) B(2|2) C(2|4) D(−3|4)	A(−4|−2) B(−1|−2) C(−1|1) D(−4|1)	A(0|−3) B(3|−3) C(3|1) D(0|1)
Flächeninhalt	10 cm^2	9 cm^2	12 cm^2
Umfang	14 cm	12 cm	14 cm

3 a) $A = 126{,}72\,m^2$; $u = 52{,}8\,m$
b) $A = 25{,}92\,m^2$; $u = 28{,}8\,m$

Umfang und Flächeninhalt eines Parallelogramms

Zu Seite 41

1

Parallelogramm	Flächeninhalt	Umfang
I	17,5 cm^2	19 cm
II	10 cm^2	14,8 cm
III	15 cm^2	16,6 cm

Lösungen

2

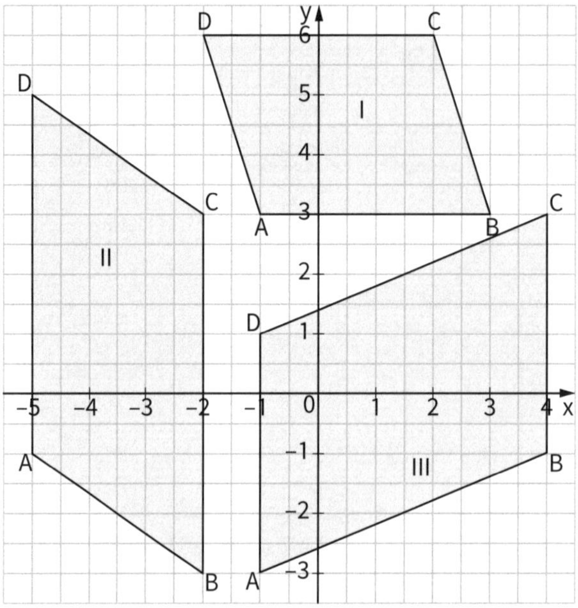

I: A = 12 cm² II: A = 18 cm² III: A = 20 cm²

Umfang und Flächeninhalt eines Dreiecks

Zu Seite 42

1 a)

	I	II	III	IV
Flächeninhalt A	14 cm²	16 cm²	10,1 cm²	5,8 cm²
Umfang u	19,1 cm	19,7 cm	21,1 cm	12,8 cm

2

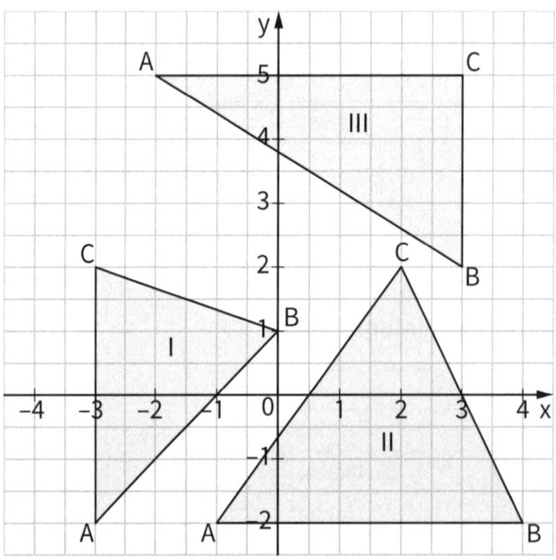

I: A = 6 cm² II: A = 10 cm² III: A = 7,5 cm²

Umfang und Flächeninhalt eines Trapezes

Zu Seite 43

1

Trapez	Flächeninhalt	Umfang
I	$12\,cm^2$	16,6 cm
II	$10{,}5\,cm^2$	13,8 cm
III	$22\,cm^2$	20 cm
IV	$8\,cm^2$	13,8 cm

2

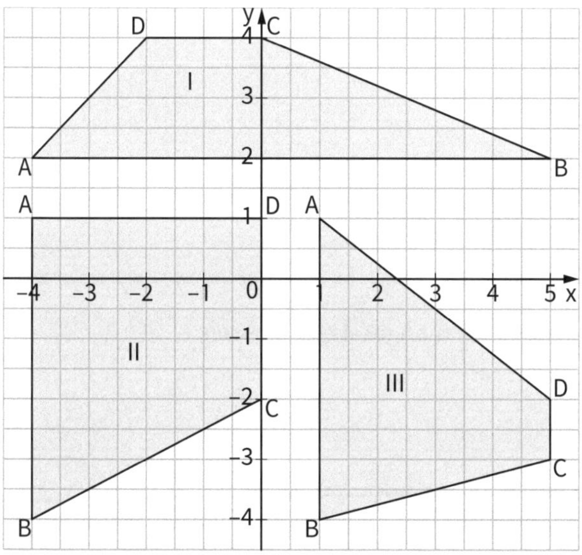

I: $A = 11\,cm^2$ II: $A = 16\,cm^2$ III: $A = 12\,cm^2$

Umfang und Flächeninhalt von Drachen und Raute

Zu Seite 44

1

	I	II	III
Figur	Raute	Drachen	Drachen
Flächeninhalt	$10\,cm^2$	$15\,cm^2$	$10\,cm^2$
Umfang	12,8 cm	16,4 cm	20,4 cm

Lösungen

2 a)

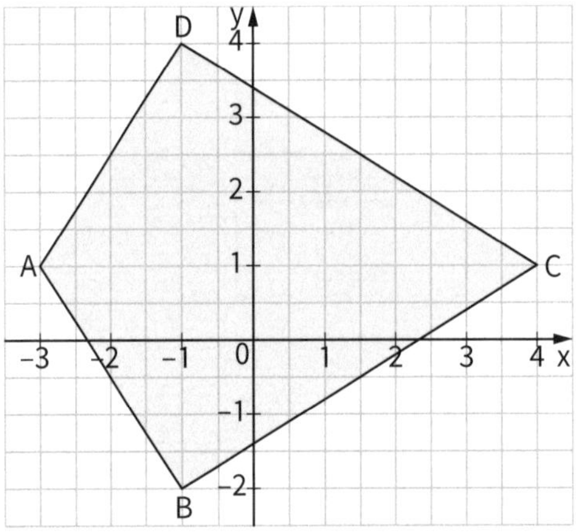

D(−1|4)

b) A = 21 cm²

Umfang und Flächeninhalt zusammengesetzter Figuren

Zu Seite 45

1 $A = 388{,}8\,m^2$; $u = 86{,}4\,m$

2 a) $A = 4\,cm^2$; $u = 8{,}8\,cm$
b) $A = 7\,cm^2$; $u = 12{,}2\,cm$

3 $A = 54\,cm^2$

Flächeninhalt von Vielecken

Zu Seite 46

1

Teilfläche I:	Dreieck	Teilfläche II:	Trapez
Grundseite:	8 m	Grundseiten:	28 m, 16 m
Höhe:	16 m	Höhe:	16 m
Flächeninhalt:	$A = 64\,m^2$	Flächeninhalt:	$A = 352\,m^2$

Flächeninhalt des Vielecks: $416\,m^2$

2 a) $A = 336\,m^2$ b) $A = 112{,}5\,m^2$ c) $A = 71{,}28\,m^2$

Konstruktion von Vierecken

Zu Seite 47

1 a)

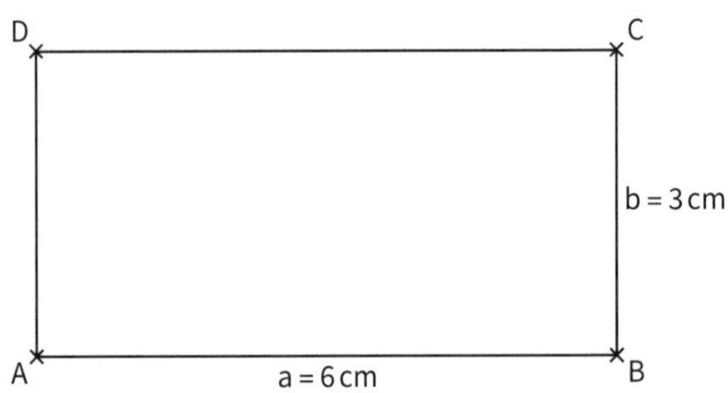

b)

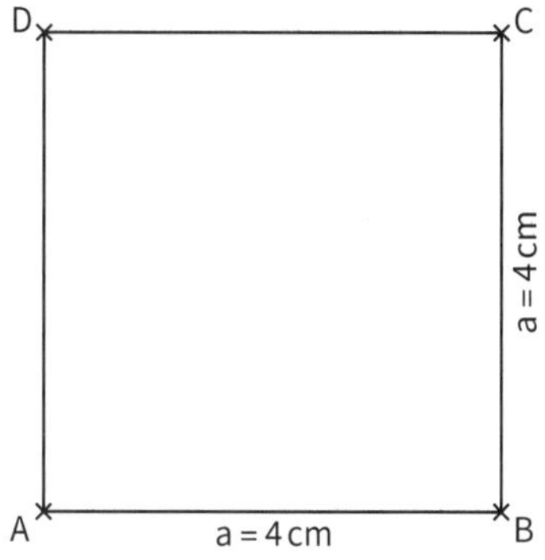
D
C
a = 4 cm
A
a = 4 cm
B

c)

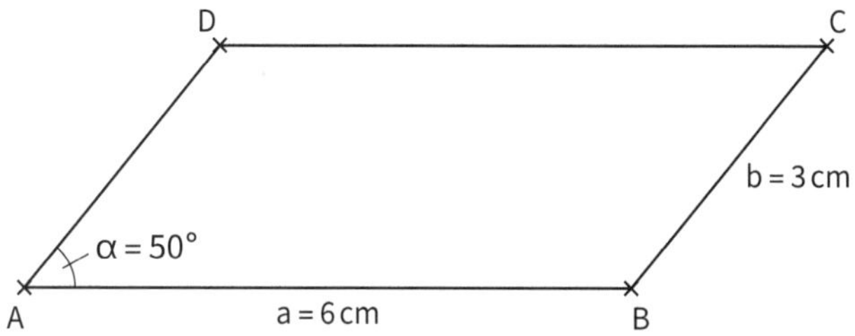
D
C
b = 3 cm
α = 50°
A
a = 6 cm
B

d)

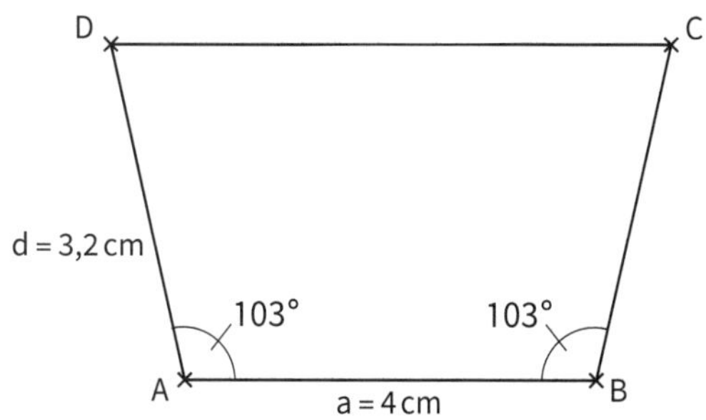
D
C
d = 3,2 cm
103°
103°
A
a = 4 cm
B

e)

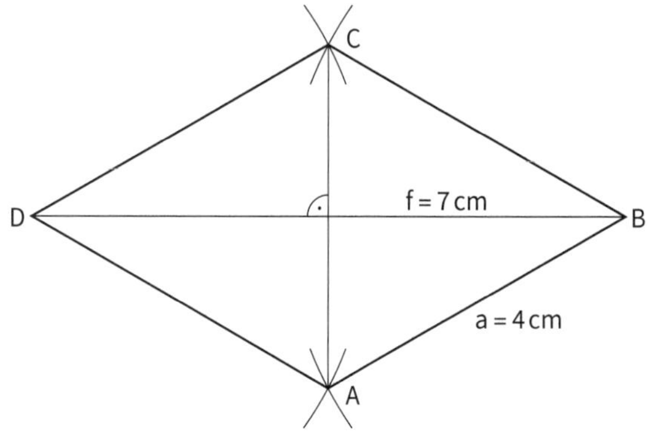
C
D
f = 7 cm
B
a = 4 cm
A

Lösungen

f)

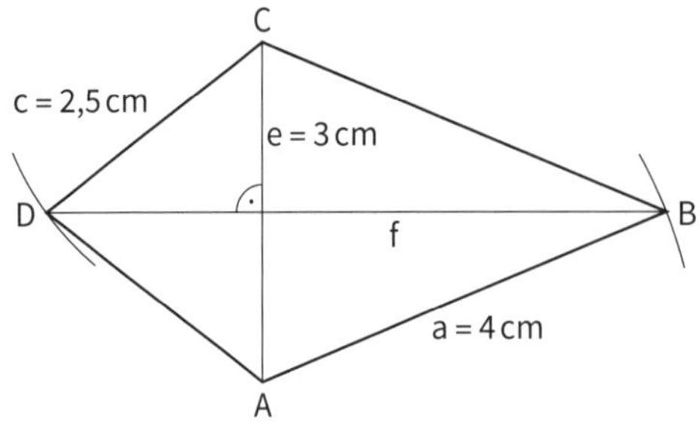

Sachaufgaben

Zu Seite 48

1 $A = 5{,}15\ \text{m} \cdot 0{,}77\ \text{m} \cdot 2 \approx 7{,}93\ \text{m}^2$
$7{,}93 \cdot 65{,}30 = 517{,}83$
Beide Glasflächen kosten ungefähr 518 €.

2 Er erhält insgesamt 35 280 €.

3 Die Verkleidung der Fläche kostet 228 €.

4 Es müssen mindestens 1 176 Dachziegel eingekauft werden.

Zu Seite 49

5 Inhalt der bebauten Fläche: $110{,}25\ \text{m}^2$; Inhalt der unbebauten Fläche: $211{,}75\ \text{m}^2$

6 a) 1: $A = 90\,000\ \text{m}^2$ 2: $A = 97\,500\ \text{m}^2$ 3: $A = 90\,000\ \text{m}^2$
b) Anzahl der Pflanzen: 166 500

7 Entschädigung: 211 875 €

Flächeninhalt und Umfang schätzen

Zu Seite 50

1 Die Strecke ist 5,793 km lang.

2 Der tatsächliche Flächeninhalt beträgt $20{,}46\ \text{km}^2$.

Eigenschaften von Vierecken

Zu Seite 51

1

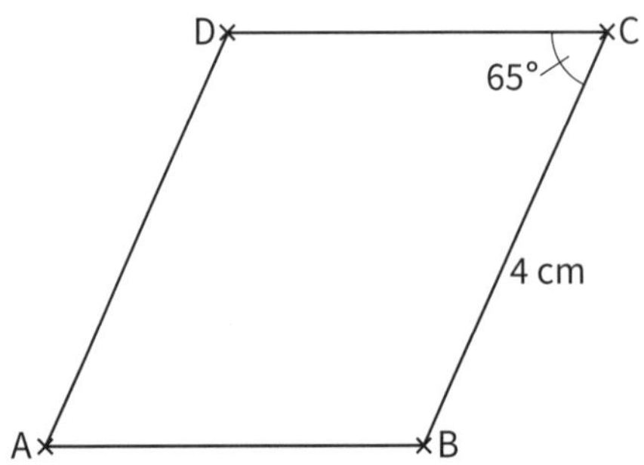

2

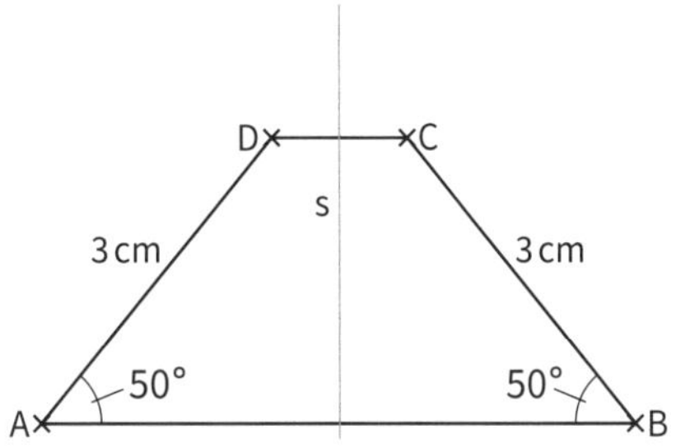

3 z. B.: 1. Rechteck: a = 6 cm und b = 2 cm, 2. Rechteck: a = 4 cm und b = 3 cm

4 a = 12 cm und b = 3 cm

5 Das Rechteck und das Parallelogramm haben eine gleich lange Grundseite. Da sie denselben Flächeninhalt haben, muss die Höhe beider Figuren auch gleich lang sein.
Für die Länge der Seite b in dem Rechteck gilt: h = b. Für die Länge der Seite b in dem Parallelogramm gilt: h < b.
Da bei dem Parallelogramm die Seite b größer ist als bei dem Rechteck, muss auch der Umfang des Parallelogramms größer sein.

6

	Viereck 1	Viereck 2	Viereck 3	Viereck 4	Viereck 5	Viereck 6	Viereck 7
u	34	34	34	34	34	34	34
Bezeichnung des Vierecks	Rechteck	Parallelogramm	Drachen	Quadrat	gleichschenkliges Trapez	Trapez	Raute
A	60	35	48	72,25	43,2	55,2	60

AUSGANGSTEST 4 – Umfang und Flächeninhalt: Auswertung

Kreuze deine richtigen Ergebnisse an.

Zu Seite 52

1 a) $A = 48\ cm^2$, $u = 30$ cm ☐ b) $A = 135\ cm^2$, $u = 51{,}1$ cm ☐ c) $A = 30\ cm^2$, $u = 28{,}1$ cm ☐

2 a) Sie hat die Seite c und die Höhe der Seite b genommen. ☐
b) $A = 12{,}69\ cm^2$, $u = 16{,}9$ cm ☐

3 a) Ja ☐
b) Zur Flächenberechnung eines Parallelogramms wird die Länge der Grundseite mit der Länge der Höhe multipliziert. Beide Parallelogramme haben jeweils die gleiche Grundseite und Höhe, daher ist der Flächeninhalt auch gleich groß. ☐

4 Das Wasser steht 11,3 m hoch. ☐

Lösungen

Zu Seite 53

5 a) $A = 756\ m^2$ ☐ b) $A = 71{,}28\ m^2$ ☐

6 a)

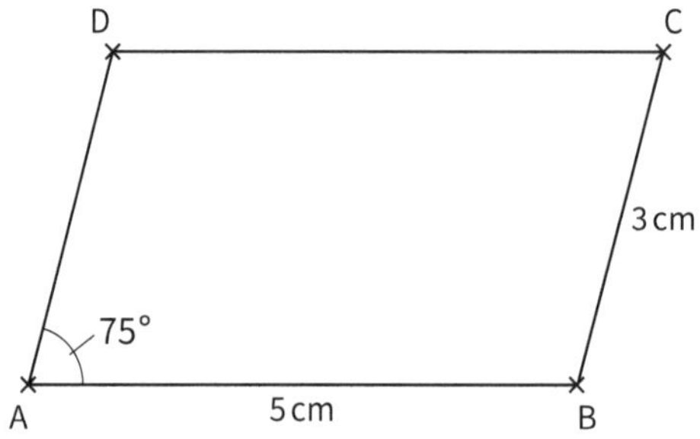

☐

b)

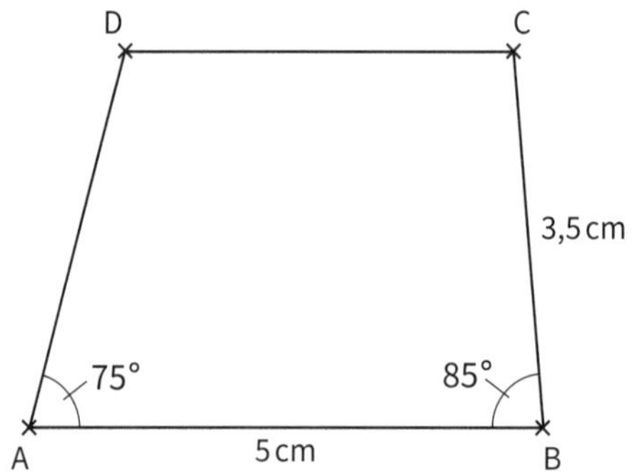

☐

7

	a)	b)	c)
a	2 cm	4 dm	8 cm
b	5 cm	4 dm	10 cm
u	14 cm	16 dm	36 cm
e	3 cm	6 dm	10 cm
f	6,1 cm	5,2 dm	14,9 cm
A	9,15 cm²	15,6 dm²	74,5 cm²

☐

Ich kann ...	Aufgabe	Hilfen und Aufgaben im Lehrbuch
den Flächeninhalt und Umfang ebener Figuren berechnen.	1	Seite 76 – 81, 89, 90
erklären, welche Größen zur Berechnung des Flächeninhalts eines Dreiecks benötigt werden.	2	Seite 78, 79, 89
Begründungen zum Flächeninhalt eines Parallelogramms angeben.	3	Seite 76, 77, 89
in einem Trapez mithilfe der Formel für den Flächeninhalt fehlende Größen bestimmen.	4	Seite 80, 81, 89, 91
Sachaufgaben zum Flächeninhalt eines Trapezes lösen.	4	Seite 92, 93
den Flächeninhalt einer zusammengesetzten Figur berechnen.	5	Seite 89, 90
ein Parallelogramm und ein Trapez nach Vorgaben konstruieren.	6	Seite 87, 89
fehlende Größen eines Drachens berechnen	7	Seite 82, 83, 89

Zufallsexperimente durchführen und auswerten

Zu Seite 54

1 a)

Ergebnis	absolute Häufigkeit	relative Häufigkeit als Bruch	relative Häufigkeit als Dezimalzahl	relative Häufigkeit in Prozent
1	4	$\frac{4}{25}$	0,16	16 %
2	9	$\frac{9}{25}$	0,36	36 %
3	6	$\frac{6}{25}$	0,24	24 %
4	4	$\frac{4}{25}$	0,16	16 %
5	2	$\frac{2}{25}$	0,08	8 %
Summe	25	1	1	100 %

b)

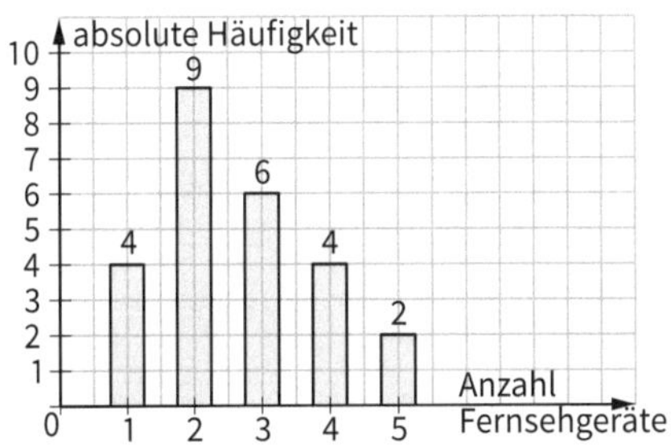

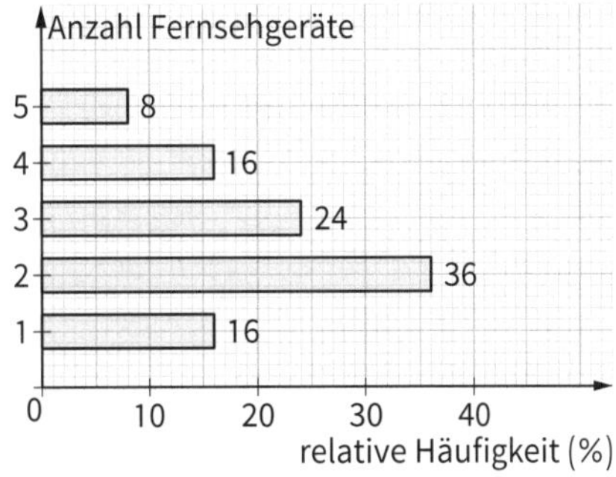

c)

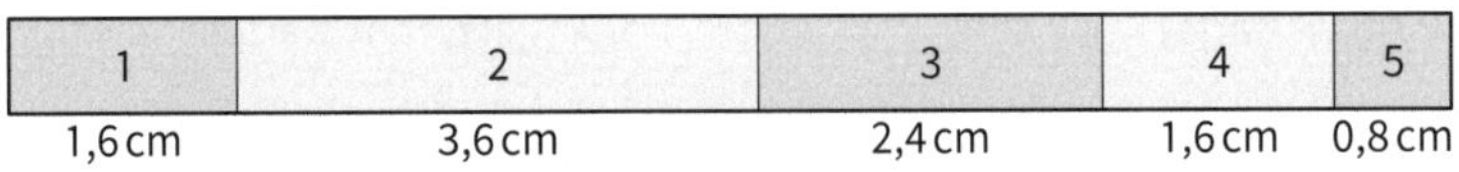

Zu Seite 55

2 a)/b)

Ergebnis	absolute Häufigkeit	relative Häufigkeit als	
		Bruch	Dezimalzahl
3	21	$\frac{21}{50}$	0,42
4	14	$\frac{14}{50}$	0,28
5	11	$\frac{11}{50}$	0,22
6	4	$\frac{4}{50}$	0,08
Summe	50	$\frac{50}{50}$	1

c) erwartete relative Häufigkeit für 3: 0,4
erwartete relative Häufigkeit für 4: 0,3
erwartete relative Häufigkeit für 5: 0,2
erwartete relative Häufigkeit für 6: 0,1
Begründung: Je größer die Anzahl der Ziehungen, desto näher liegt die relative Häufigkeit an der Wahrscheinlichkeit eines Ergebnisses.

3 a)

Ergebnis	absolute Häufigkeit	relative Häufigkeit als	
		Bruch	Dezimalzahl
oben	68	$\frac{68}{200}$	0,34
unten	76	$\frac{76}{200}$	0,38
Seite	56	$\frac{56}{200}$	0,28
Summe	200	$\frac{200}{200}$	1

b) oben: 0,3; unten: 0,4; Seite: 0,3
Begründung: Je größer die Anzahl der Würfe ist, desto näher liegt die relative Häufigkeit an der Wahrscheinlichkeit eines Ergebnisses.

Lösungen

Wahrscheinlichkeiten von Ergebnissen bestimmen

Zu Seite 56

1 a) S = {1, 2, 3, 4, 5, 6, 7, 8, 9, 10}
b) erwartete absolute Häufigkeit: 10
erwartete relative Häufigkeit: $\frac{1}{10}$
c) erwartete absolute Häufigkeit: 100
erwartete relative Häufigkeit: $\frac{1}{10}$

2 a) S = {grün, gelb, weiß, rot, blau}
b) erwartete absolute Häufigkeit: 60
erwartete relative Häufigkeit: $\frac{1}{5}$
c) erwartete absolute Häufigkeit: 800
erwartete relative Häufigkeit: $\frac{1}{5}$

3 S = {Hauptgewinn, Kleingewinn, Freilos, Niete}
Anzahl aller Lose: 500

P (Hauptgewinn) = $\frac{1}{500}$

P (Kleingewinn) = $\frac{19}{500}$

P (Freilos) = $\frac{30}{500}$

P (Niete) = $\frac{450}{500}$

4 Anzahl aller Karten: 36

P (normale Karte) = $\frac{12}{36} = 0{,}\overline{3}$

P (glitzernde Karte) = $\frac{8}{36} = 0{,}\overline{2}$

P (silberne Karte) = $\frac{9}{36} = 0{,}25$

P (goldene Karte) = $\frac{7}{36} = 0{,}19\overline{4}$

5 P (Pop) = $\frac{438}{1\,200} = 0{,}365$

P (Rap) = $\frac{354}{1\,200} = 0{,}295$

P (Rock) = $\frac{312}{1\,200} = 0{,}26$

P (Techno) = $\frac{96}{1\,200} = 0{,}08$

Zu Seite 57

6 a) P(Ergebnis) = $\frac{1}{38} \approx 0{,}026 = 2{,}6\,\%$

b) P(Ergebnis) = $\frac{1}{54} \approx 0{,}019 = 1{,}9\,\%$

c) P(Ergebnis) = $\frac{1}{26} \approx 0{,}038 = 3{,}8\,\%$

7 a) Anzahl der Lose mit einem Gewinn: 20
Anzahl der Lose mit einem Kleingewinn: 75
b) Anzahl der Freilose: 125
Anzahl der Nieten: 278

8 a) Man kann den Kreis in 12 Kreisausschnitte (jeweils 30°) einteilen, da es das kleinste gemeinsame Vielfache von 3, 4 und 6 ist.
b) Kreuz: 3, Pik: 3, Herz: 2, Karo: 4

Wahrscheinlichkeiten von Ergebnissen schätzen

Zu Seite 58

1 a)

Ergebnis	absolute Häufigkeit	relative Häufigkeit
o	181	0,362
u	248	0,496
gs	62	0,124
ks	9	0,018
Summe	500	1,000

b) P(Noppen oben) = 0,362 P(Noppen unten) = 0,496 P(große Seitenfläche) = 0,124
P(kleine Seitenfläche) = 0,018

2 P(täglich bis mehrmals pro Woche) = 0,750
P(nie) = 0,070
P(einmal im Monat/seltener) = 0,100
P(einmal pro Woche/einmal alle 14 Tage) = 0,080

3 a) Blutgruppe:

$P(AB) = \frac{15}{250} = \frac{3}{50} = 0{,}06$

$P(B) = \frac{21}{150} = \frac{7}{50} = 0{,}14$

Rot-Grün-Farbsehschwäche:

$P(\text{Männer}) = \frac{18}{200} = \frac{9}{100} = 0{,}09$

$P(\text{Frauen}) = \frac{16}{1\,500} = \frac{4}{375} = 0{,}01\overline{06}$

Übergewicht:

$P(\text{Männer}) = \frac{150}{200} = \frac{3}{4} = 0{,}75$

$P(\text{Frauen}) = \frac{236}{400} = \frac{59}{100} = 0{,}59$

b) Die Wahrscheinlichkeit, dass ein zufällig ausgewählter Mann eine Rot-Grün-Farbsehschwäche hat, ist fast neunmal höher als die Wahrscheinlichkeit, dass eine zufällig ausgewählte Frau eine Rot-Grün-Farbsehschwäche hat.
In Deutschland ist die Wahrscheinlichkeit, dass ein zufällig ausgewählter Mann Übergewicht hat, höher als die Wahrscheinlichkeit, dass eine zufällig ausgewählte Frau Übergewicht hat.

Ereignisse

Zu Seite 59

1 a) $S = \{\text{Zahl, Bild}\}$
b) $S = \{1, 2, 3, 4, 5, 6\}$
c) $S = \{\text{rot, grün, blau, gelb}\}$

2 a) $S = \{1, 2, 3, 4, 5, 6, 7, 8, 9, 10, 11, 12\}$
b) $E_1 = \{1, 3, 5, 7, 9, 11\}$ $E_2 = \{3, 6, 9, 12\}$ $E_3 = \{1, 2, 3, 4, 5\}$ $E_4 = \{9\}$
c) $E_5 = S$ $E_6 = \{2, 3, 5, 7, 11, 13\}$ $E_7 = \{\ \}$
d) E_8: Die gezogene Zahl ist durch 4 teilbar.
E_9: Die gezogene Zahl ist größer als 3 und kleiner als 9.

3 $E_1 = \{2\text{ €}, 5\text{ €}, 10\text{ €}, 50\text{ €}, 100\text{ €}, 1000\text{ €}\}$
$E_2 = \{10\text{ €}, 50\text{ €}, 100\text{ €}, 1000\text{ €}\}$
$E_3 = \{\text{Niete, Freilos}\}$
$E_4 = \{\ \}$

Wahrscheinlichkeiten von Ereignissen

Zu Seite 60

1 a) $S = \{1, 2, 3, 4, 5, 6, 7, 8\}$
b) $P(2) = \frac{1}{16}$ $P(3) = P(4) = P(5) = P(6) = P(7) = \frac{2}{16} = \frac{1}{8}$ $P(8) = \frac{4}{16} = \frac{1}{4}$
c) $P(E) = \frac{1}{16} + \frac{2}{16} + \frac{2}{16} + \frac{2}{16} = \frac{7}{16}$
d) $E_1 = \{2, 4, 6, 8\}$ $E_2 = \{2, 3, 5, 7\}$ $E_3 = \{4, 5, 6, 7, 8\}$ $E_4 = \{3, 4, 5, 6\}$
$P(E_1) = \frac{9}{16}$ $P(E_2) = \frac{7}{16}$ $P(E_3) = \frac{12}{16} = \frac{3}{4}$ $P(E_4) = \frac{8}{16} = \frac{1}{2}$

Lösungen

Zu Seite 61

2 a)

monatliches Taschengeld (€)	absolute Häufigkeit	Wahrscheinlichkeit
15	29	$\frac{29}{500} = 0{,}058$
20	98	$\frac{98}{500} = 0{,}196$
25	152	$\frac{152}{500} = 0{,}304$
30	116	$\frac{116}{500} = 0{,}232$
35	60	$\frac{60}{500} = 0{,}120$
40	25	$\frac{25}{500} = 0{,}050$
50	20	$\frac{20}{500} = 0{,}040$
Summe	500	1

b) $S = \{15, 20, 25, 30, 35, 40, 50\}$

c) $E_1 = \{30, 35, 40, 50\}$ $E_2 = \{15, 20, 25, 30\}$

$P(E_1) = \frac{221}{500} = 0{,}442$ $P(E_2) = \frac{395}{500} = 0{,}790$

$E_3 = \{20, 25, 30, 35, 40\}$ $E_4 = \{35, 40, 50\}$

$P(E_3) = \frac{451}{500} = 0{,}902$ $P(E_4) = \frac{105}{500} = 0{,}210$

3 a) $P(1) = P(2) = \ldots = P(48) = P(49) = \frac{1}{49}$

b) $E_1 = \{1, 2, 3, 4, 5, 6, 7, 8\}$ $E_2 = \{44, 45, 46, 47, 48, 49\}$

$P(E_1) = \frac{8}{49}$ $P(E_2) = \frac{6}{49}$

c) $\overline{E} = \{13\}$; $P(\overline{E}) = \frac{1}{49}$; $P(E) = 1 - \frac{1}{49} = \frac{48}{49}$

Wahrscheinlichkeiten im Alltag

Zu Seite 62

1 a) In der Abbildung werden die verschiedenen Wege der Fernsehnutzung (Fernseher, PC/Laptop, Smartphone und Tablet) in den letzten 14 Tagen in Prozent dargestellt.

b) Am meisten wurde der Fernseher (zu 90 %) genutzt, PC/Laptop und Smartphone wurden jeweils zu 21 % und das Tablet zu 15 % genutzt.

2 Bei nicht übergewichtigen Kindern und Jugendlichen beträgt das Bluthochdruckrisiko 6 % für Jungen und 5 % für Mädchen, also ein Unterschied von einem Prozentpunkt. Das Bluthochdruckrisiko erhöht sich für übergewichtige Kinder und Jugendliche (11 % bei Jungen, 9 % bei Mädchen). Für fettleibige Kinder und Jugendliche ist das Bluthochdruckrisiko am größten (18 % bei Jungen, 24 % bei Mädchen). Auffällig ist hier zusätzlich, dass bei fettleibigen Kindern und Jugendlichen die Mädchen ein höheres Bluthochdruckrisiko haben, während es in den anderen Gruppen die Jungen sind.

3 P (Arbeitsweg unter 30 min) $= \frac{52}{100} = 0{,}52 = 52\,\%$

P (Arbeitsweg mindestens 45 min) $= \frac{27}{100} = 0{,}27 = 27\,\%$

AUSGANGSTEST 5 – Mit dem Zufall rechnen: Auswertung

Kreuze deine richtigen Ergebnisse an.

Zu Seite 63

1 $P(\text{rot}) = \frac{4}{10} = 0{,}4$

$P(\text{weiß}) = \frac{3}{10} = 0{,}3$

$P(\text{blau}) = \frac{2}{10} = 0{,}2$

$P(\text{gelb}) = \frac{1}{10} = 0{,}1$ ☐

2 a) $S = \{1, 2, 3, 4, 5, 6, 7, 8, 9, 10, 11, 12, 13, 14, 15\}$ ☐

b) $E_1 = \{5, 10, 15\}$ $\quad P(E_1) = \frac{3}{15}$

$E_2 = \{1, 3, 5, 7, 9, 11, 13, 15\}$ $\quad P(E_2) = \frac{8}{15}$

$E_3 = \{1, 2, 3, 4, 5, 6, 7, 8, 9, 10, 11, 12, 13, 14, 15\}$ $\quad P(E_3) = 1$

$E_4 = \{10, 11, 12, 13, 14, 15\}$ $\quad P(E_4) = \frac{6}{15}$

$E_5 = \{2, 3, 4, 6, 8, 9, 10, 12, 14, 15\}$ $\quad P(E_5) = \frac{10}{15}$

$E_6 = \{\,\}$ $\quad P(E_6) = 0$ ☐

c) $\bar{E}_7 = \{3, 6, 9, 12, 15\}$ $\quad P(\bar{E}_7) = \frac{5}{15}$ $\quad P(E_7) = 1 - P(\bar{E}_7) = \frac{15}{15} - \frac{5}{15} = \frac{10}{15}$

$\bar{E}_8 = \{1, 2, 3\}$ $\quad P(\bar{E}_8) = \frac{3}{15}$ $\quad P(E_8) = 1 - P(\bar{E}_8) = \frac{15}{15} - \frac{3}{15} = \frac{12}{15}$ ☐

3 a) Anzahl Kreisausschnitte: 16
Anzahl der Kreissauschnitte: rot: 7, orange: 4, gelb: 2, lila: 3 ☐

b) $P(\text{lila}) = \frac{3}{16}$ ☐

Ich kann ...	Aufgabe	Hilfen und Aufgaben im Lehrbuch
Wahrscheinlichkeiten von Ergebnissen berechnen.	1	Seite 102, 103, 111, 112
durch Aussagen beschriebene Ereignisse als Teilmenge von S angeben.	2	Seite 105, 106, 113
Wahrscheinlichkeiten von Ereignissen und Gegenereignissen berechnen.	2	Seite 107, 108, 109, 111, 113
von vorgegebenen Wahrscheinlichkeiten auf die Verteilung von Kugeln oder Feldern beim Zufallsexperiment schließen.	3	Seite 103, 112

Lösungen

Körper beschreiben

Zu Seite 64

1 a) 4 kongruente Dreiecke, 1 Quadrat
b) 2 parallele und kongruente Trapeze, 2 parallele Rechtecke, 2 weitere Rechtecke
c) 4 kongruente Trapeze; 2 parallele Quadrate
d) 2 parallele und kongruente Sechsecke; 6 kongruente Rechtecke, von denen jeweils die zwei gegenüberliegenden parallel zueinander sind
e) 2 parallele und kongruente Vierecke, 4 Rechtecke

2 wahr; wahr; wahr; falsch; falsch; falsch; wahr

Schrägbilder von Prismen

Zu Seite 65

1 A

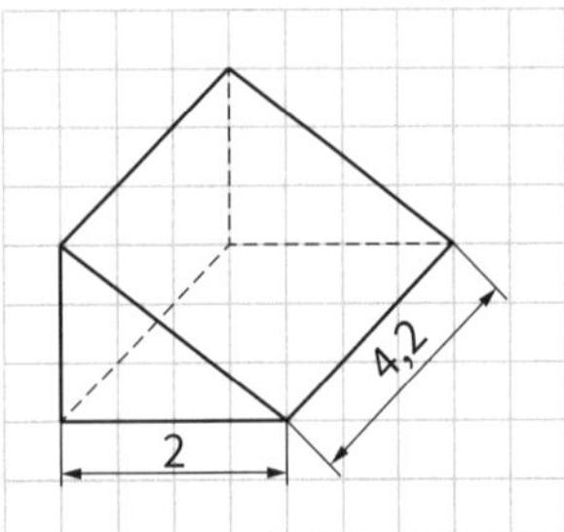

B

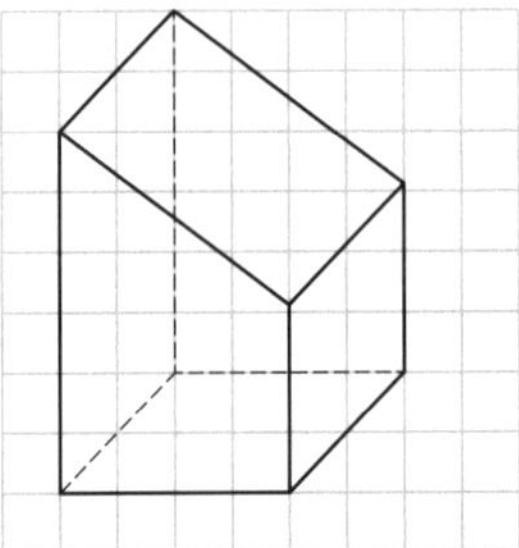

Die nach hinten verlaufenden Kanten verlaufen im 45°-Winkel und werden um die Hälfte verkürzt gezeichnet.

2 a)

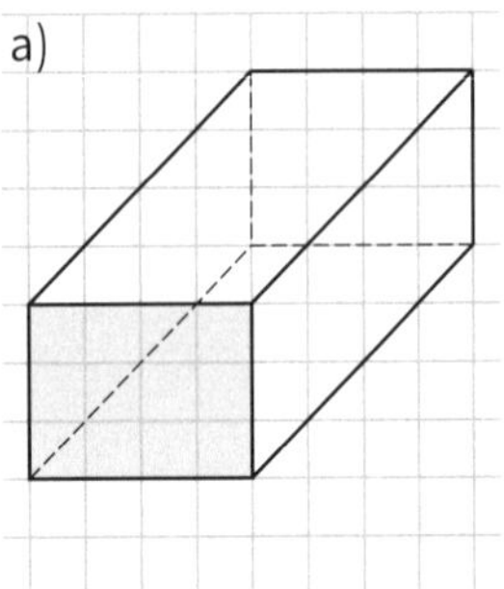

b)

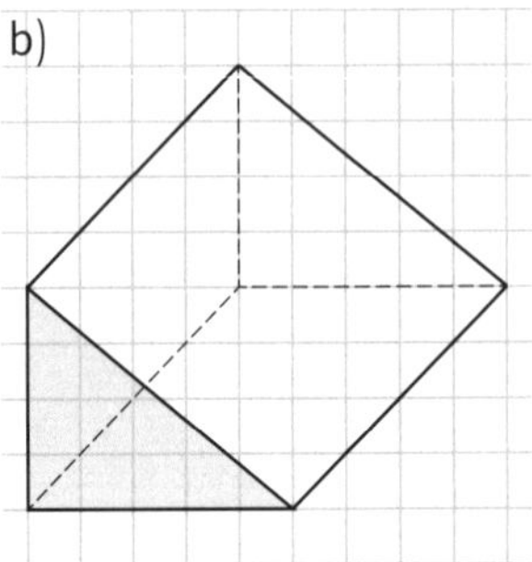

c)

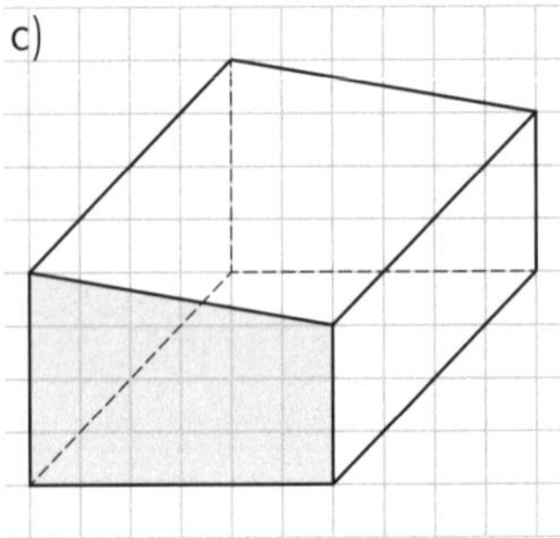

3 –

Zu Seite 66

4 a)

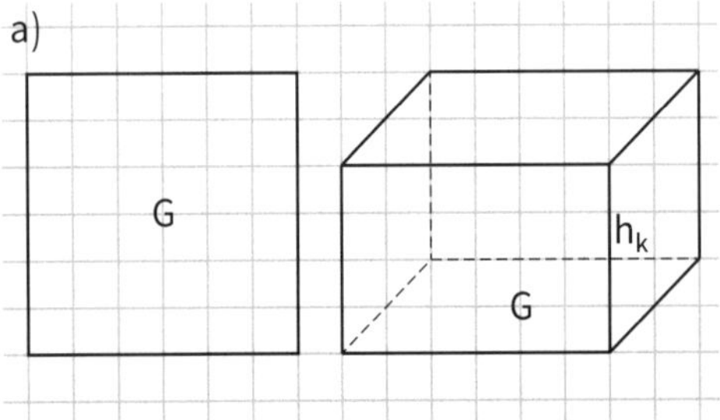

b)

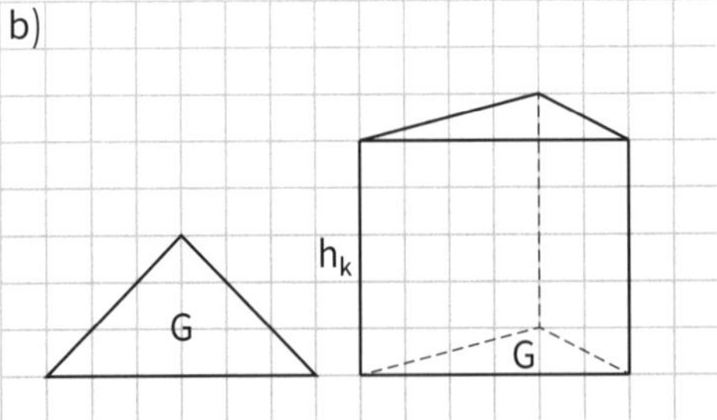

c)

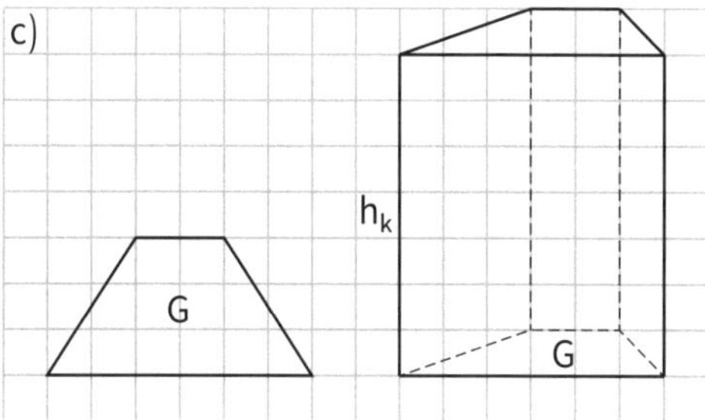

d)

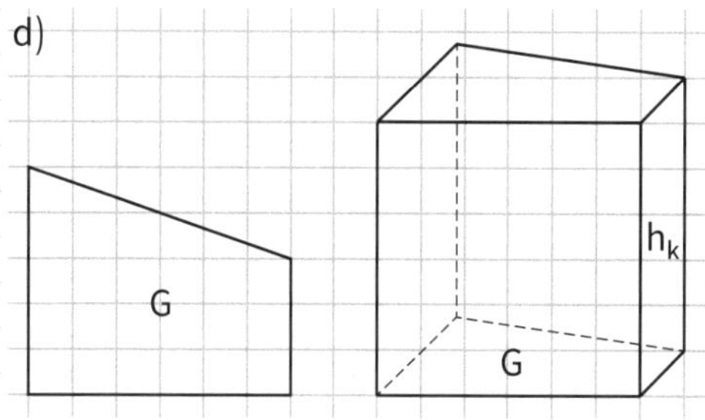

5 a)

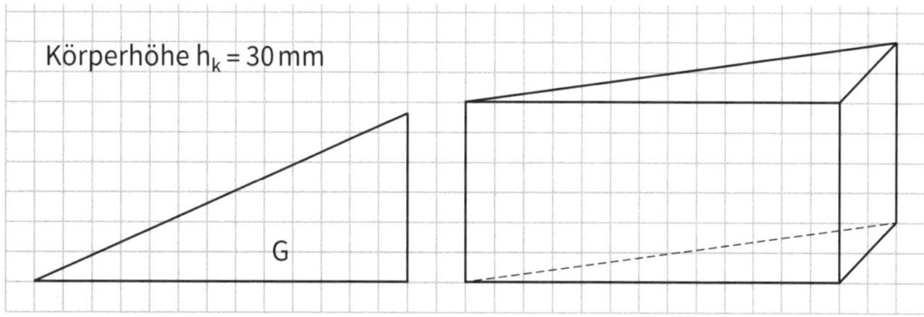

b)

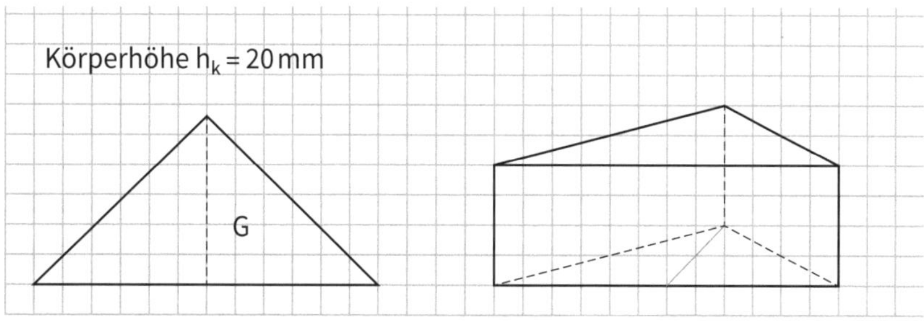

c)

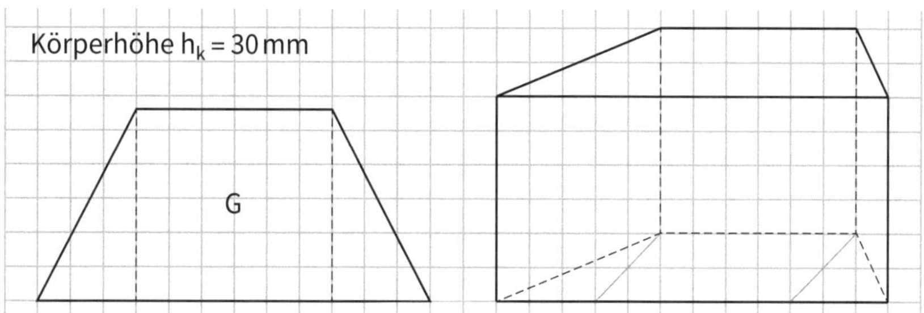

Netz eines Prismas

Zu Seite 67

1 ☐ ☐ ☒

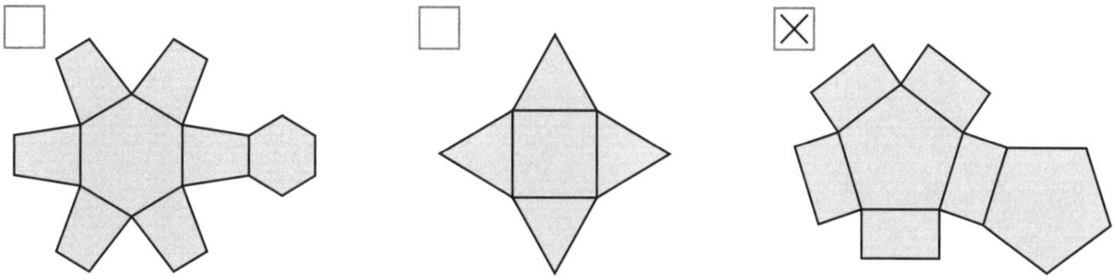

Lösungen

2

☒

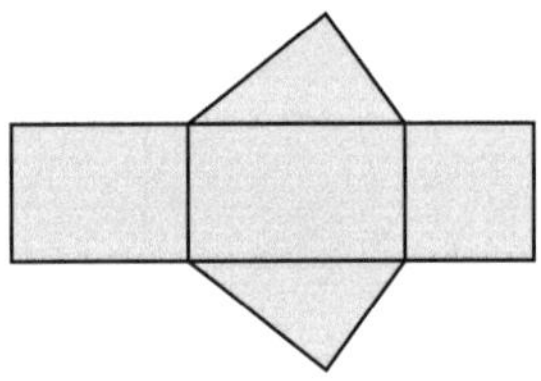

☒

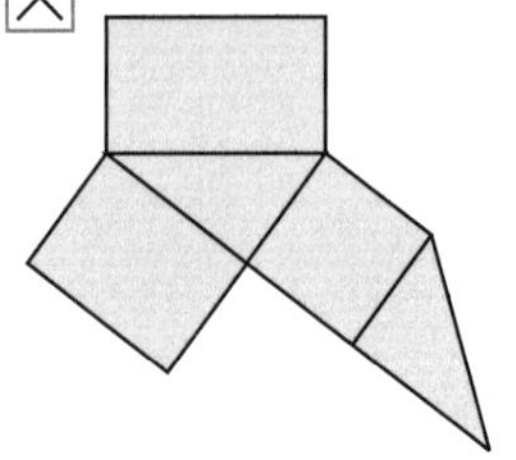

☐

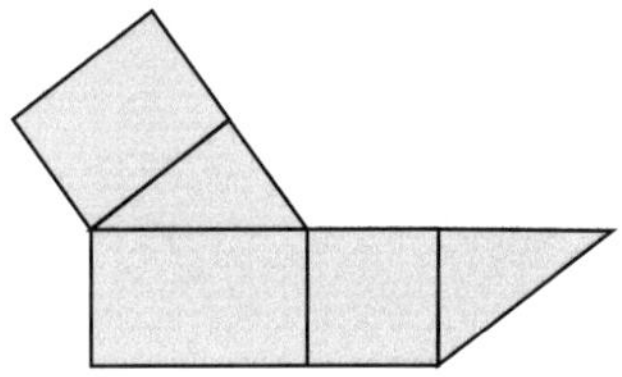

3

a)

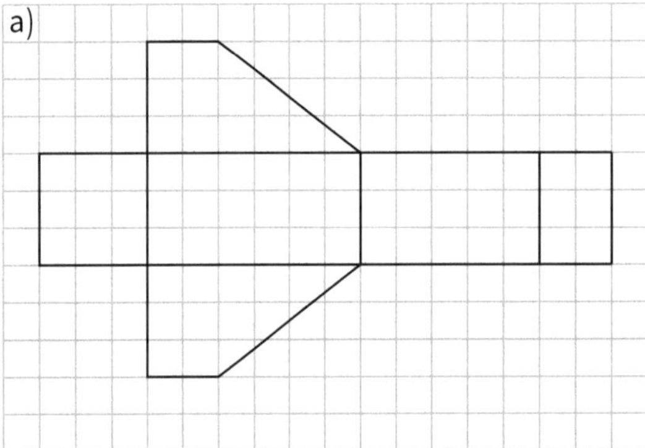

b)

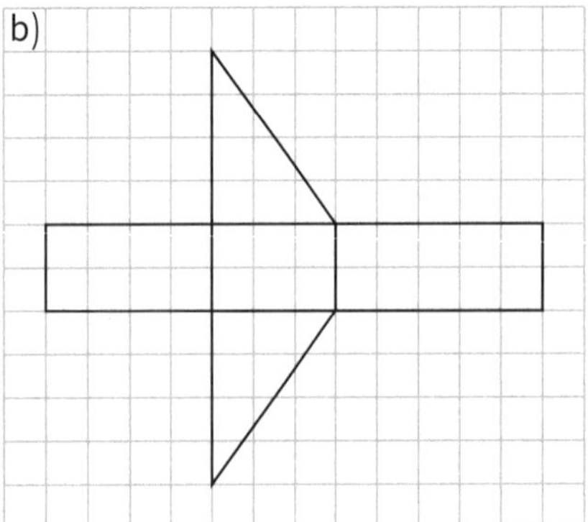

c)

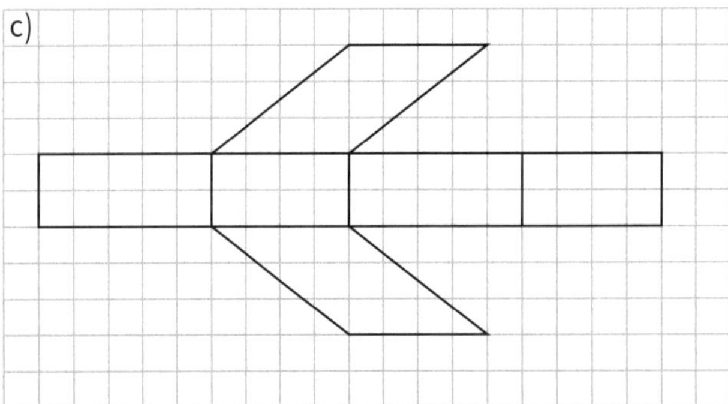

Netz und Schrägbild

Zu Seite 68

1

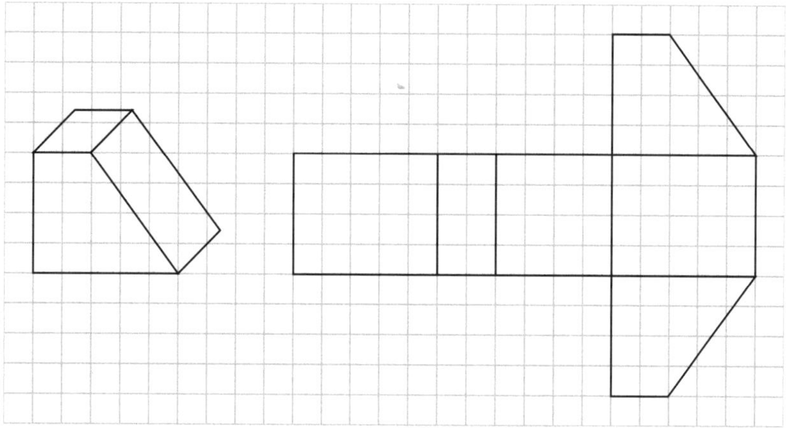

2

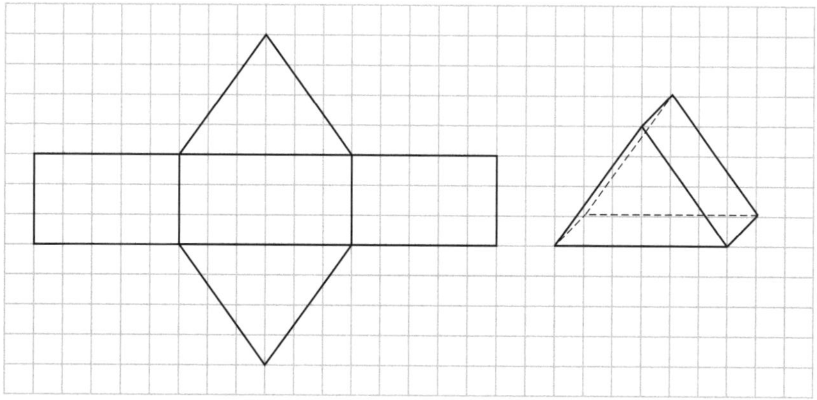

3

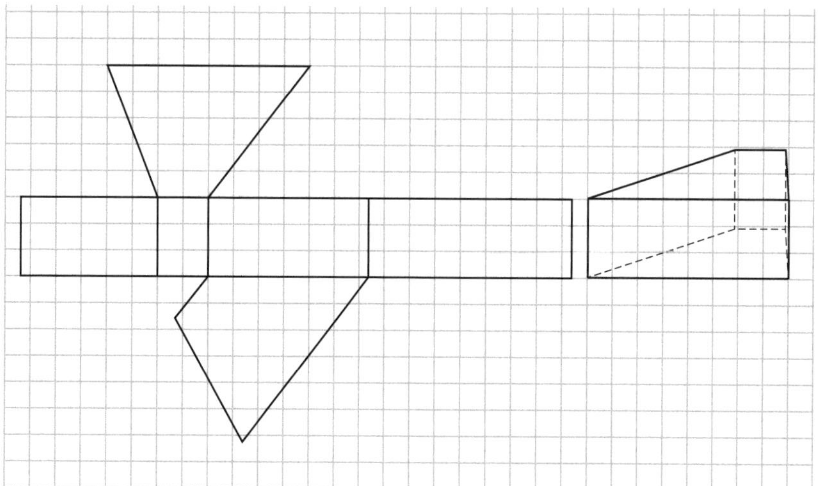

Lösungen

Oberflächeninhalt eines Prismas

Zu Seite 69

1 a) $G = 6\,cm^2$; $M = 50\,cm^2$; $O = 62\,cm^2$
b) $G = 6\,cm^2$; $M = 120\,cm^2$; $O = 132\,cm^2$
c) $G = 12\,cm^2$; $M = 128\,cm^2$; $O = 152\,cm^2$

2 $O = 2 \cdot 12\,cm^2 + 32\,cm^2 = 56\,cm^2$

Zu Seite 70

3 a) $O = 2 \cdot 0{,}075\,m^2 + 1{,}536\,m^2 = 1{,}686\,m^2$
b) $O = 2 \cdot 0{,}765\,m^2 + 0{,}748\,m^2 = 2{,}278\,m^2$

4 a) $O = 2 \cdot 1\,925\,cm^2 + 6\,420\,cm^2 = 10\,270\,cm^2$
b) $O = 2 \cdot 882\,cm^2 + 2\,788\,cm^2 = 4\,552\,cm^2$

5 $O = 2 \cdot 175{,}7\,cm^2 + 3\,024\,cm^2 = 3\,375{,}4\,cm^2$

Volumen eines Prismas

Zu Seite 71

1 Prisma A: $G = 4\,cm^2$; $V = 4\,cm^3$
Prisma B: $G = 2\,cm^2$; $V = 2\,cm^3$

2 a) $G = 5\,cm^2$; $V = 30\,cm^3$
b) $G = 3{,}5\,cm^2$; $V = 21\,cm^3$
c) $G = 6{,}5\,cm^2$; $V = 39\,cm^3$

3 a) $G = 25{,}2\,cm^2$; $V = 196{,}56\,cm^3$
b) $G = 3\,276\,cm^2$; $V = 380\,016\,cm^3$
c) $G = 134{,}9\,cm^2$; $V = 3\,831{,}16\,cm^3$

Zu Seite 72

4 $V = 18{,}9\,cm^3$
Alle drei Prismen haben das gleiche Volumen, da jeweils die Grundflächen und Körperhöhen gleich lang sind.

5

	a)	b)	c)
h_k	12,3 cm	5,5 cm	12,8 cm
G	$30\,cm^2$	$16{,}2\,cm^2$	$30{,}5\,cm^2$
V	$369\,cm^3$	$89{,}1\,cm^3$	$390{,}4\,cm^3$

6 $G = 10\,cm^2 + 5\,cm^2 = 15\,cm^2$; $V = 63\,cm^3$

7 Metallwürfel: $V = 64\,cm^3$; Becken: $V = 128\,cm^2 \cdot h$
Becken mit Metallwürfel:
$V = 128\,cm^2 \cdot h + 64\,cm^3$
$V = 128\,cm^2 \cdot (h + 0{,}5\,cm)$
Der Wasserstand steigt um 5 mm.

Sachaufgaben

Zu Seite 73

1 a) Der Maler muss für 35 m^2 Farbe einplanen.
b) Es wird 1 m^3 Kies benötigt.

2 a) Die Verpackung hat ein Volumen von 215 cm^3.
b) $O = 2 \cdot 10{,}75\,cm^2 + 300\,cm^2 = 321{,}5\,cm^2$
Es werden 401,875 cm^2 Pappe benötigt.

3 Es wurden 40 176 m^3 Erde angefahren.

Zu Seite 74

4 $V = 189\,000\,cm^3$ $m = 472{,}5\,kg$
Die Masse des Körpers beträgt 472,5 kg.

5 $V = 180\,000\,cm^3$ $m = 486\,kg$
Der Aluminiumträger hat eine Masse von 486 kg.

6 $V = 432\,cm^3$ $m = 3{,}3696\,kg$
Der Stahlstab wiegt ungefähr 3,370 kg.

Oberflächeninhalt und Volumen schätzen

Zu Seite 75

1 geschätzte Maße: Länge: 40 cm, Breite: 20 cm, Höhe 21 cm
Holz für eine Kiste ohne Verschnitt: 3 320 cm^2 = 0,332 m^2
Für vier Kisten muss er ungefähr 1,33 m^2 Holz einplanen.

2 Das Aquarium könnte 60 cm lang, 30 cm breit und 30 cm hoch sein. Für das Aquarium wurden ungefähr 0,72 m^2 Glas benötigt.

3 Die Kinderschaufel könnte ca. 40 cm lang sein. Dann wären die geschätzten Innenmaße der Sandkiste: Länge 1,20 m und Breite 1,20 m. Dann würden 0,288 m^3 Sand benötigt.

4 Die Höhe der Box könnte ungefähr 10 cm sein, die Länge ungefähr 20 cm und die Breite auch ungefähr 10 cm. Damit würde die Box ein Volumen von 2 Litern haben.

AUSGANGSTEST 6 – Prismen: Auswertung

Kreuze deine richtigen Ergebnisse an.

Zu Seite 76

1 a)

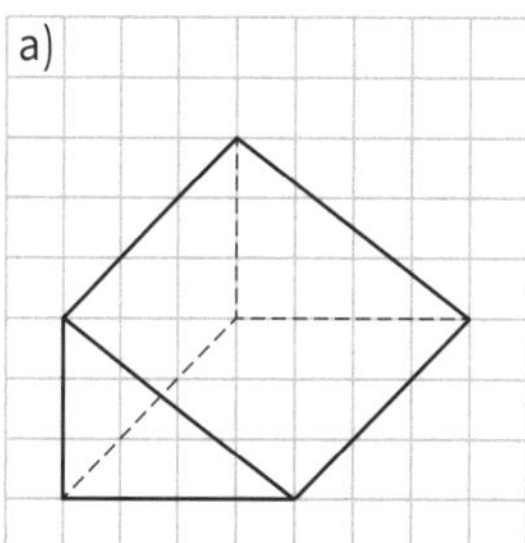

☐

b)

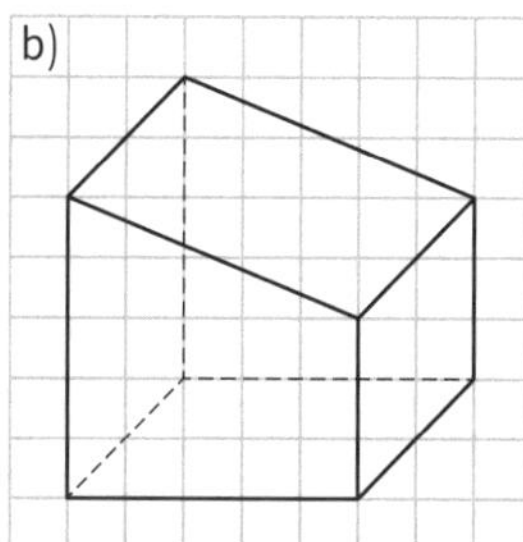

☐

Lösungen

2

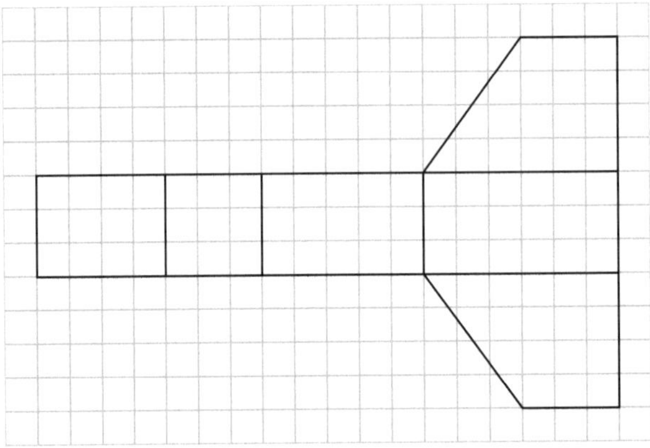

3 $V = 12{,}6\,cm^3$; $O = 36{,}44\,cm^2$ ☐

Zu Seite 77

4 a) Es können 87,78 *l* Wasser eingefüllt werden. ☐
b) $O = 0{,}2508\,m^2 + 0{,}912\,m^2 = 1{,}1628\,m^2$
Der Materialbedarf mit Verschnitt beträgt ca. $1{,}4\,m^2$. ☐

5 $V = 93{,}6\,cm^3$; $m = 982{,}8\,g$
Der Wert des Silberbarrens liegt bei 668,30 €. ☐

6 Er muss ungefähr $7{,}5\,m^2$ Holz einplanen. ☐

Ich kann …	Aufgabe	Hilfen und Aufgaben
das Schrägbild eines Prismas zeichnen.	1	Seite 122, 123, 131
das Netz eines Prismas zeichnen.	2	Seite 124, 131
das Volumen eines Prismas berechnen.	3	Seite 128 – 131
den Oberflächeninhalt eines Prismas berechnen.	3	Seite 125, 126, 130, 131
Sachaufgaben zu Oberflächeninhalt und Volumen von Prismen lösen.	4, 5	Seite 129, 130
den Oberflächeninhalt von Prismen schätzen.	6	Seite 133, 134

Zuordnungen darstellen

Zu Seite 78

1

Name	Wohnort
Mila Pia Hilal Elias	Baumberg
Anna Noah Abdul	Holzheim
Jonas Ben Leon	Neurath
Hanna Clara	Obertal

2

Name	Verkehrsmittel
Abdul	Fahrrad
Anna	Bus
Ben	Fahrrad
Clara	zu Fuß
Elias	Bus
Hanna	zu Fuß
Hilal	Bus
Jonas	Bus
Leon	Fahrrad
Mila	Fahrrad
Noah	Fahrrad
Pia	zu Fuß

3

Note	1	2	3	4
absolute Häufigkeit	1	4	4	3

Zu Seite 79

4

Lebensalter (Monate)	Körpergröße (cm)
0	52
2	60
6	66
8	71
12	77

Lösungen

5

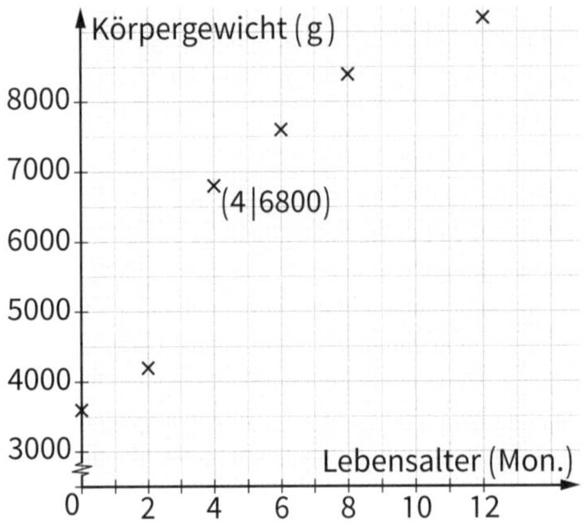

6 a)

Uhrzeit	0.00	2.00	4.00	6.00	8.00	10.00	12.00
Temperatur (°C)	–8	–10	–9	–6	–5	0	5

Uhrzeit	14.00	16.00	18.00	20.00	22.00	24.00
Temperatur (°C)	7	6	2	–2	–4	–6

b) Um 8.00 Uhr und 23.00 Uhr betrug die Temperatur –5 °C.
Die Temperatur betrug zu keinem Zeitpunkt 9 °C.

Zu Seite 80

7

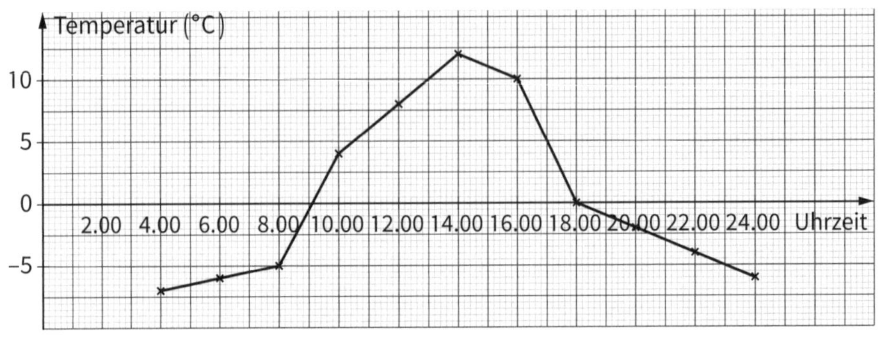

8 a)

Seitenlänge a (cm)	2	3	4	6	9	12
Seitenlänge b (cm)	18	12	9	6	4	3

b)

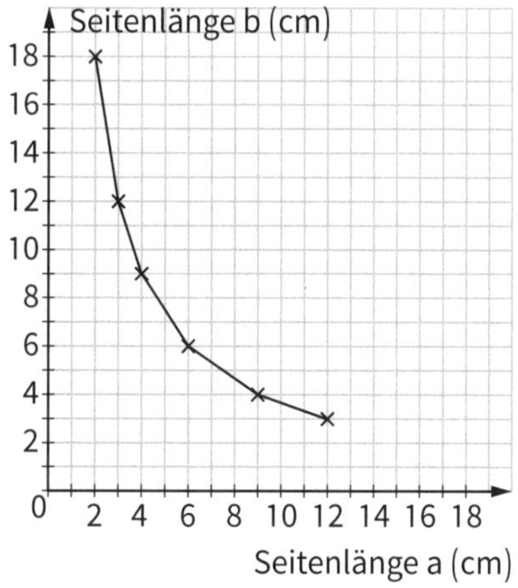

9 a) Ein Wanderer muss ca. 10,6 km zurücklegen und 1 361 Höhenmeter überwinden.
b) Es sind ca. 11,2 km und der Höhenunterschied beträgt 1 987 m.

Funktionen als eindeutige Zuordnungen

Zu Seite 81

1 a) Es handelt sich um eine Funktion, da jedem Element der Definitionsmenge genau ein Element der Wertemenge zugeordnet ist.
b) Es liegt keine Funktion vor, da einigen Elementen der Definitionsmenge mehrere Elemente der Wertemenge zugeordnet sind. (Herr Schulz, Frau Möller, Frau Arslan und Herr Neuer unterrichten jeweils zwei Fächer.)
c) Es liegt keine Funktion vor, da einigen Elementen der Definitionsmenge mehrere Elemente der Wertemenge zugeordnet sind. (Die Gewinne 100 € und 50 € sind mehreren Losnummern zugeordnet.)
d) Es handelt sich um eine Funktion, da jedem Element der Definitionsmenge genau ein Element der Wertemenge zugeordnet ist.

2 a)

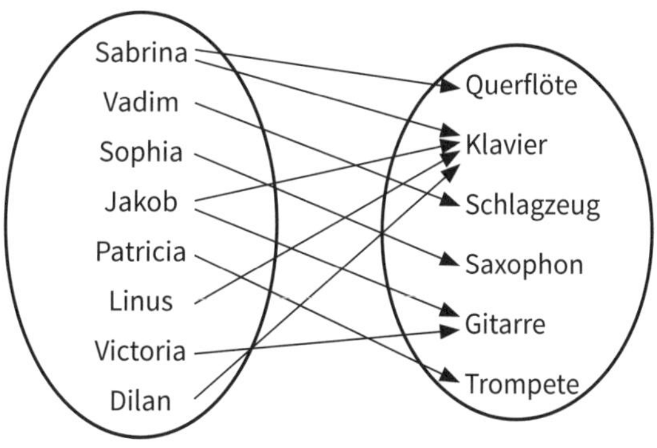

b) Die Zuordnung ist keine Funktion, da einigen Elementen der Definitionsmenge mehrere Elemente der Wertemenge zugeordnet sind. (Sabrina und Jakob spielen jeweils mehr als ein Instrument.)

Lösungen

Proportionale Zuordnungen

Zu Seite 82

1 a)

Zulaufzeit (min)	0	1	2	3	4	5	7
Wasserstand (cm)	0	1,5	3	4,5	6	7,5	10,5

b)

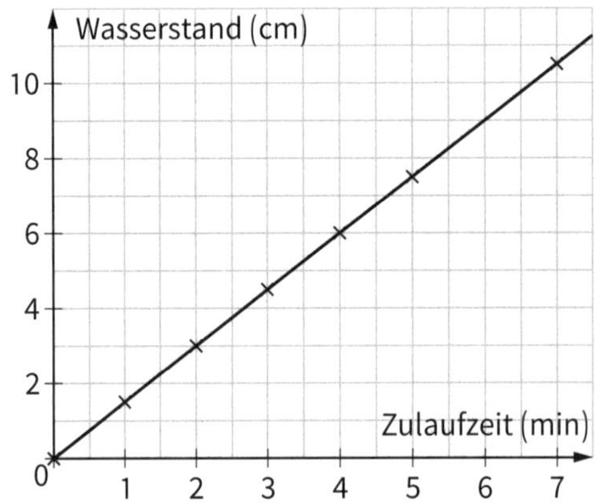

c) Durch ein Verbinden der Punkte kann man den Verlauf des Wasserstandes beim Befüllen besser erkennen. Das Verbinden der Punkte ist zulässig, da kontinuierlich Wasser eingefüllt wird.

d) $y = 1{,}5\,x$

2 a)

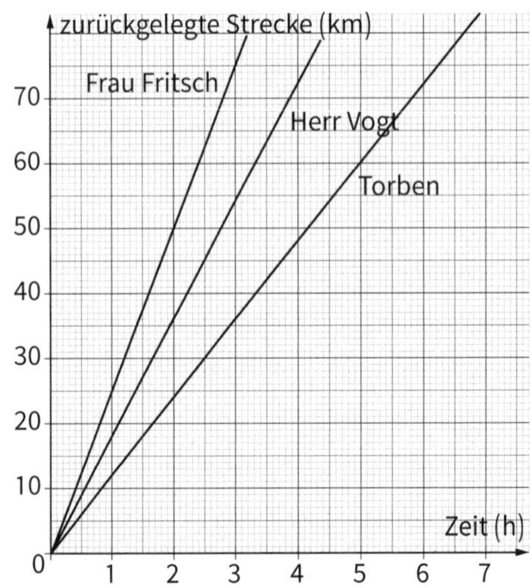

b) Herr Vogt: $y = 18\,x$
Torben: $y = 12\,x$

c) Die Steigung gibt die Strecke an, die in einer Stunde zurückgelegt wird.

3 Tomaten: $y = 4{,}98\,x$
Paprika: $y = 3{,}8\,x$
Birnen: $y = 2{,}98\,x$

Lineare Zuordnungen

Zu Seite 83

1 a)

Zulaufzeit (min)	0	5	10	15	20	25
Wasserstand (cm)	15	30	45	60	75	90

b)

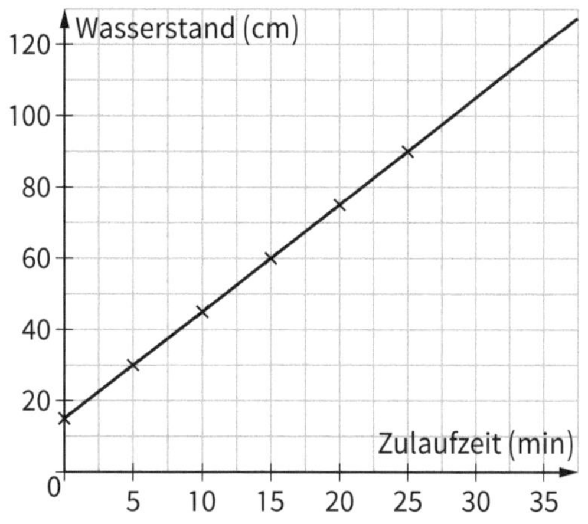

c) $y = 3x + 15$

2 a) $y = 13x + 20$ b) $y = 28x$ c) $y = 9x + 12$

3 $y = 200x + 1\,200$

4 a) $V = G \cdot h$

$10\,000 = 4\,000 \cdot h$

$h = 2{,}5$

Nach einer Minute beträgt der Wasserstand im Aquarium 2,5 cm, also steigt der Wasserstand pro Minute um 2,5 cm.

b) $y = 2{,}5x$ $(y = 2{,}5x + 35)$

c)

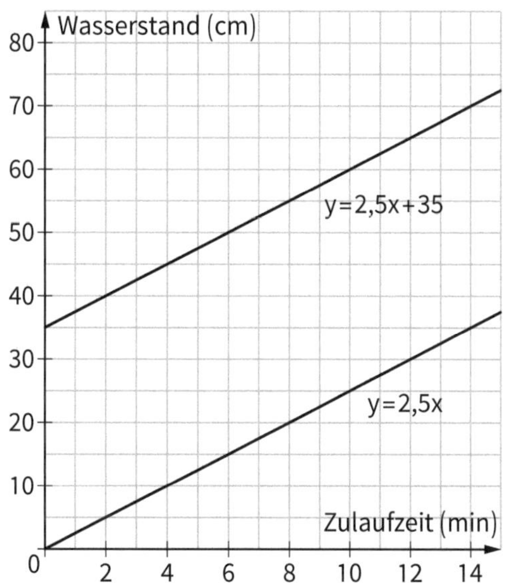

Lösungen

Zu Seite 84

5 a)

Brenndauer (h)	0	1	2	3	4
Höhe (cm)	11	9	7	5	3

b)

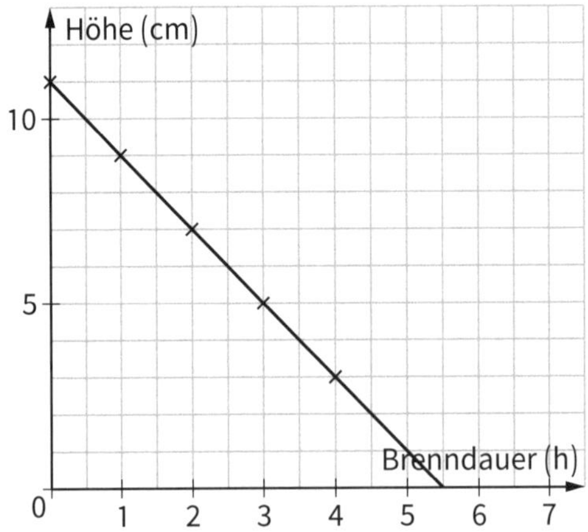

Ein Verbinden der Punkte ist sinnvoll, weil die Kerze kontinuierlich abbrennt. Es werden alle Zwischenwerte angenommen.

c) $y = -2x + 11$

d) Nach 5,5 Stunden ist die Kerze abgebrannt.

6 a) $y = -0{,}0026x + 11$

b)

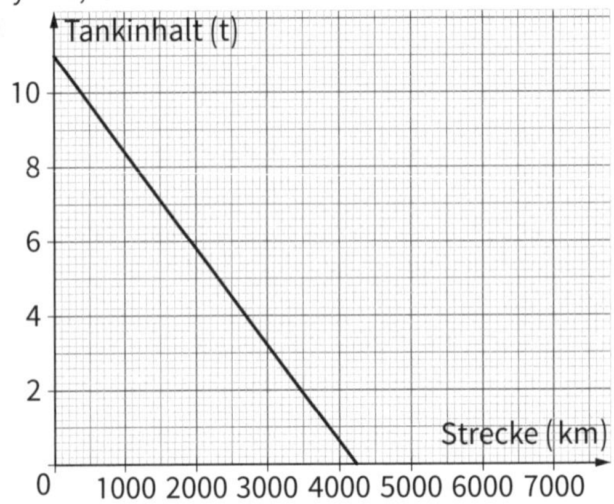

7 a) $y = -2{,}5x + 30$

b)

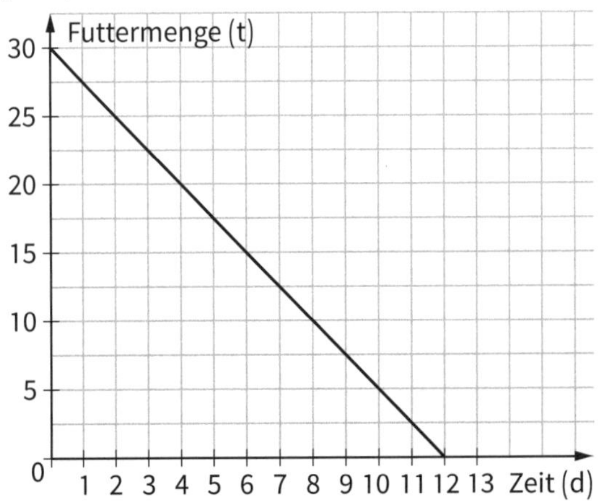

c) Nach 10 Tagen wird nachbestellt.

Zu Seite 85

8 a) Beide Graphen sind Geraden. Der Graph zu Titan verläuft steiler als der Graph zu Granit.
b) Titan: $m = 4{,}5$ Granit: $m = 2{,}8$
Die Steigung gibt an, um wie viel Gramm die Masse pro cm^3 Volumen steigt.
c)

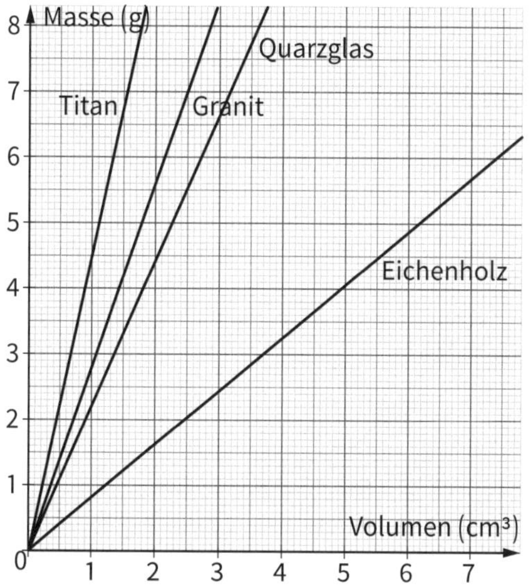

Quarzglas: $y = 2{,}2x$
Eichenholz: $y = 0{,}8x$

9 a) $y = 80x + 500$
b)

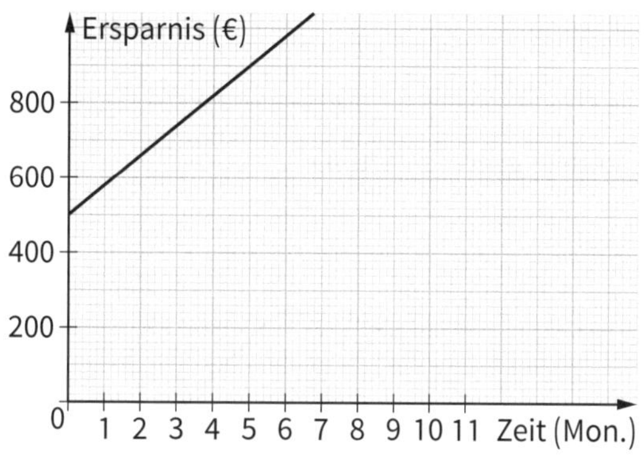

c) Nach 7 Monaten kann Moritz den Roller kaufen.

10 a) 12 cm
b) 1,2 cm
c) $y = -1{,}2x + 12$
d) 10 h

Zu Seite 86

11 a) Der Wasserstand steigt linear, jedoch ab der 40. Minute langsamer an.
b) Anstieg bis zur 40. Minute: 2,5 cm pro Minute
Anstieg ab der 40. Minute: 1,5 cm pro Minute

Lösungen

12 a) dünne Kerze: $y = -2x + 14$
dicke Kerze: $y = -x + 8$

b)
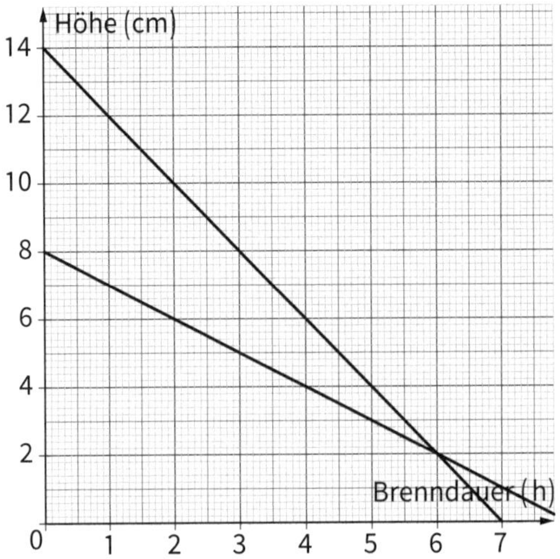

Nach 6 Stunden haben beide Kerzen die gleiche Höhe. Sie sind dann 2 cm hoch.

13 a) Tarif A: $3\,000 \cdot 0{,}30 + 140 = 1\,040$
Tarif B: $3\,000 \cdot 0{,}25 + 200 = 950$
Familie Dengel sollte sich für Tarif B entscheiden.
b) Tarif A: $y = 0{,}30x + 140$
Tarif B: $y = 0{,}25x + 200$

AUSGANGSTEST 7 – Lineare Zuordnungen: Auswertung

Kreuze deine richtigen Ergebnisse an.

Zu Seite 87

1 a)
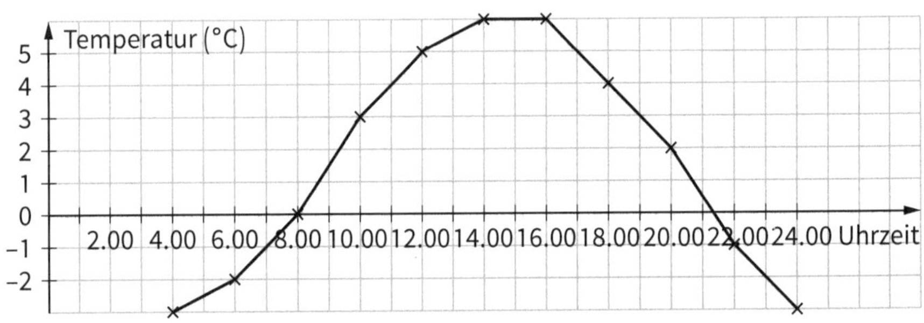

☐

b) Um 11.00 Uhr und um 18.00 Uhr beträgt die Temperatur 4 °C.
Um 6.00 Uhr und um 23.00 Uhr beträgt die Temperatur –2 °C. ☐

2 Für eine 140 km lange Strecke benötigt er 105 Minuten. ☐

Lösungen

3 Für eine 220 m^2 große Fläche benötigt Herr Nauck 5,5 kg Rasensamen. ☐

4 a)

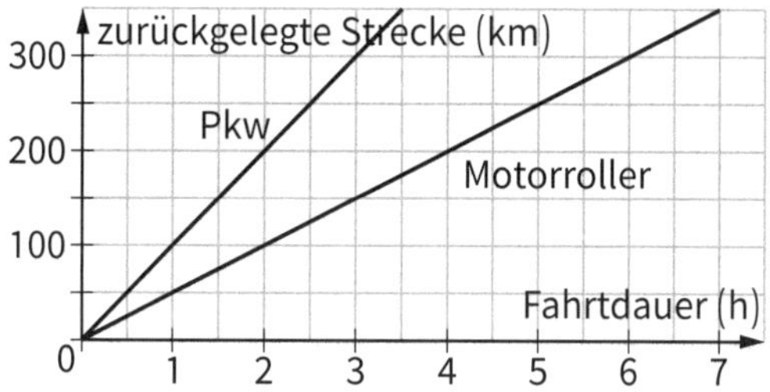

☐

b) Pkw: 100 km — Motorroller: 50 km ☐

c) Pkw: $y = 100x$ — Motorroller: $y = 50x$ ☐

5 a)

Zeit (min)	0	1	2	3	4	5
Wasserstand (cm)	10	14	18	22	26	30

☐

b) $y = 4x + 10$ ☐

Ich kann ...	Aufgabe	Hilfen und Aufgaben
Funktionen im Koordinatensystem darstellen.	1	Seite 143, 150
mithilfe des Funktionsgraphen zu Funktionswerten zugehörige x-Werte bestimmen.	1	Seite 148, 152
proportionale Zuordnungen zur Lösung von Sachproblemen anwenden.	2, 3	Seite 144, 145, 151
die Funktionsgleichung einer linearen Funktion in Sachsituationen bestimmen.	4, 5	Seite 146, 147, 150 – 154
Funktionswerte linearer Funktionen berechnen.	5	Seite 146, 147, 148, 152, 154

Lösungen

Schätzen, Messen und Überschlagen

Zu Seite 88

1 Länge: $28 \cdot 2{,}00\,m = 56\,m$; Breite: $4 \cdot 4{,}50\,m = 18\,m$
Die abgebildete Parkfläche ist ca. $1\,008\,m^2$ groß.

2 Der Stretch-Trabi ist dreimal so lang, wie der Mann im roten T-Shirt groß ist. Angenommen, der Mann ist 1,80 m groß, dann ist der Stretch-Trabi 5,40 m lang.

3 Die Mauer ist ca. 1,7-mal so hoch, wie die Personen davor. Angenommen, eine der Personen ist 1,75 m groß, dann ist die Mauer ca. 3 m hoch.

Rückwärtsarbeiten

Zu Seite 89

1

Aufbruch von zu Hause	14.41 Uhr
Haltestelle Straßenbahn	14.46 Uhr
Hauptbahnhof Hannover	15.16 Uhr
Bahnsteig Hbf Hannover	15.22 Uhr
Bahnhof Hbf Hamburg	17.37 Uhr
Ankunft Konzerthalle	17.45 Uhr
Einlass Konzerthalle	18.00 Uhr

2

	Hohlweg		Lindenallee		Bahnhofstraße		Kirche		Marktplatz	
☐	+ 1 →	☐	− 5 →	☐	− 9 →	☐	− 12 →	☐	− 12 →	1
38	← − 1	39	← + 5	34	← + 9	25	← + 12	13	← + 12	1

Als Lilly eingestiegen ist, waren 38 Personen im Bus.

3 a)

☐	+ 46 →	☐	: 2 →	84
122	← − 46	168	← · 2	84

Die erste Zahl heißt 122.

b)

☐	+ 63 →	☐	+ 46 →	☐	: 3 →	53
50	← − 63	113	← − 46	159	← · 3	53

Die erste Zahl heißt 50.

Systematisches Probieren

Zu Seite 90

1

Anzahl Standardbriefe	Anzahl Kompaktbriefe	Kosten (€)
1	1	1,85
1	2	2,85
1	3	3,85
2	1	2,70
2	2	3,70
3	1	3,55

Julian bezahlt 3 Standardbriefe und 1 Kompaktbrief.

2 Jule hat fünf normale Brötchen und vier Mehrkornbrötchen gekauft.

3

Seitenlänge a (cm)	Seitenlänge b (cm)
1	48
2	24
3	16
4	12
6	8

4 Die Punkte A und C sind am weitesten voneinander entfernt. Ihr Abstand beträgt 14 cm.

Lösungen

Lösungen

Beilage zum Arbeitsheft Mathematik 8E

Bildquellennachweis
|Rosier, Susanne, Braunschweig: 4.1, 4.2, 23.1, 23.2.
Technische Zeichnungen: Technisch-Grafische Abteilung Westermann
Druck und Bindung: Westermann Druck GmbH, Georg-Westermann-Allee 66, 38104 Braunschweig

ISBN 978-3-14-**117477**-9 und ISBN 978-3-14-**145120**-7

Konstruktion von Vierecken

1 Konstruiere das angegebene Viereck ABCD aus den gegebenen Stücken. Fertige zunächst eine Planfigur an und markiere die gegebenen Stücke farbig. Nutze bei der Konstruktion die Eigenschaften des Vierecks.

a) Rechteck ABCD mit $a = 6\,cm$ und $b = 3\,cm$

b) Quadrat ABCD mit $a = 4\,cm$

c) Parallelogramm ABCD mit $a = 6\,cm$, $b = 3\,cm$ und $\alpha = 50°$

d) Trapez ABCD mit $a = 4\,cm$, $d = 3{,}2\,cm$, $\alpha = \beta = 103°$ ($a \,||\, c$)

e) Raute ABCD mit $a = 4\,cm$ und $f = 7\,cm$

f) Drachen ABCD mit $a = 4\,cm$, $c = 2{,}5\,cm$ und $e = 3\,cm$ (f ist Symmetrieachse)

Sachaufgaben

1 Die beiden Geländer eines Treppenaufgangs sollen erneuert werden. Berechne die Größe der Glasflächen. Für 1 m² Glasverkleidung sind 65,30 € zu zahlen. Wie viel Euro kosten beide Glasflächen?

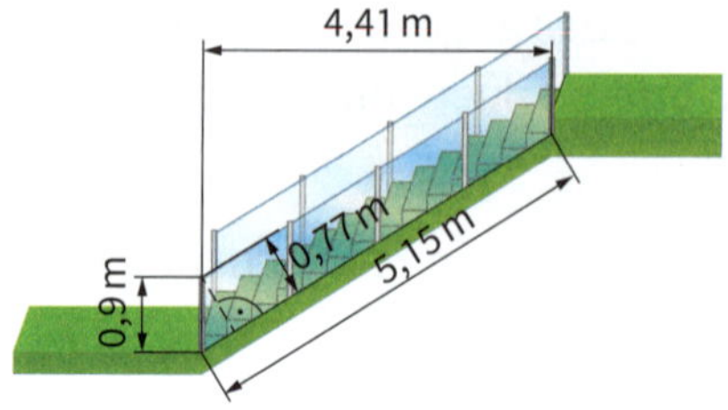

Antwort: ______________________________

2 Landwirt Kleinmeier verkauft für den Bau einer Straße den abgebildeten Teil einer Wiese. Für einen Quadratmeter der Wiese erhält er 35 €. Wie viel Euro erhält er insgesamt?

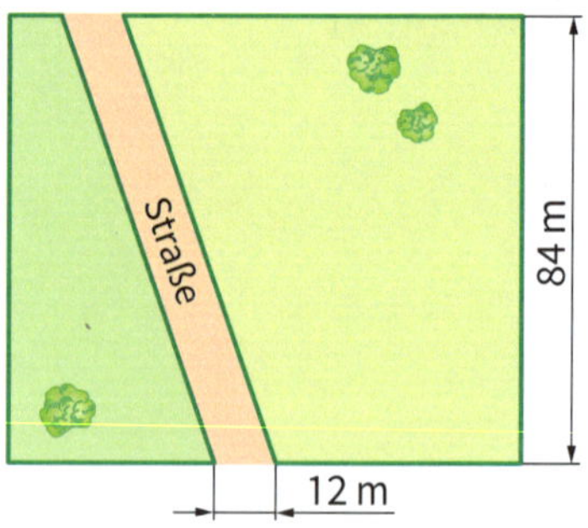

Antwort: ______________________________

3 Die dreieckige Fläche über den Fenstern soll mit Holz verkleidet werden. Für einen Quadratmeter der Fläche müssen 50 € bezahlt werden. Wie viel Euro kostet die Verkleidung der Fläche?

Antwort: ______________________________

4 Eine trapezförmige Dachfläche muss neu eingedeckt werden. Für einen Quadratmeter der Dachfläche werden 12 Dachziegel benötigt. Wie viele Dachziegel müssen mindestens eingekauft werden?

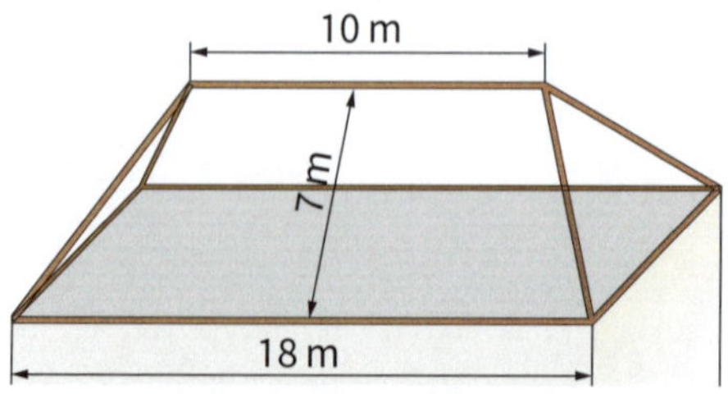

Antwort: ______________________________

Sachaufgaben

5 Berechne anhand der abgebildeten Zeichnung jeweils die Größe der bebauten und der unbebauten Fläche.

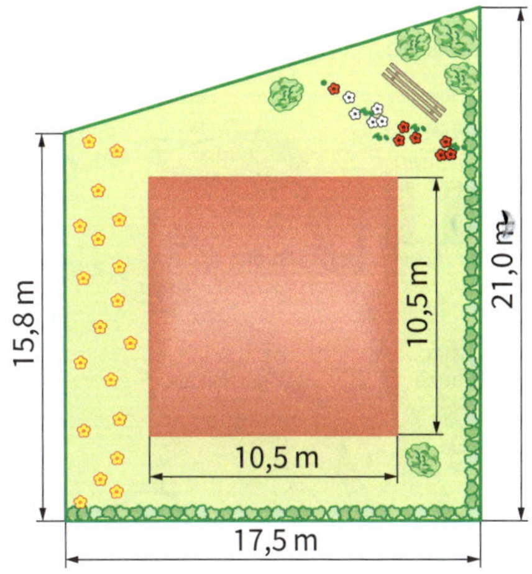

Inhalt der bebauten Fläche: ____________ Inhalt der unbebauten Fläche: ____________

6 Die auf der Forstkarte markierten Flächen sollen aufgeforstet werden.

a) Berechne den Inhalt der einzelnen Flächen.

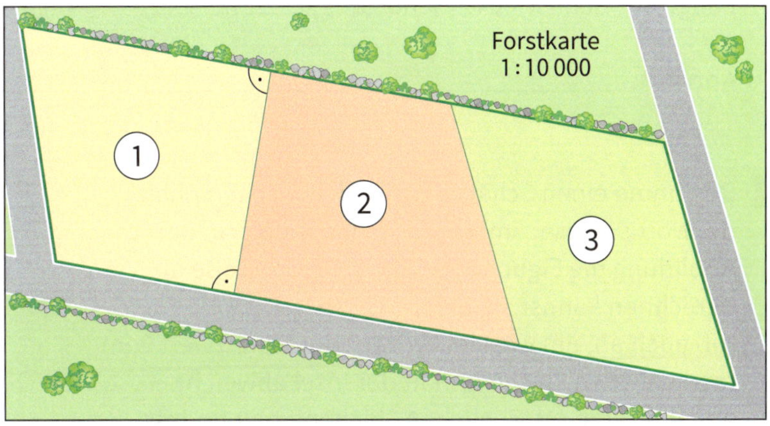

1: A = ____________ 2: A = ____________ 3: A = ____________

b) Auf eine 10 m² große Fläche werden 6 Pflanzen gesetzt. Wie viele Pflanzen müssen insgesamt eingekauft werden?

Anzahl der Pflanzen: ____________

7 Eine neue Straße schneidet von einer quadratischen Wiese ein rechtwinkliges Dreieck ab. Der Eigentümer erhält als Entschädigung für einen Quadratmeter 25 €. Wie viel Euro erhält der Eigentümer für die abgegebene Fläche?

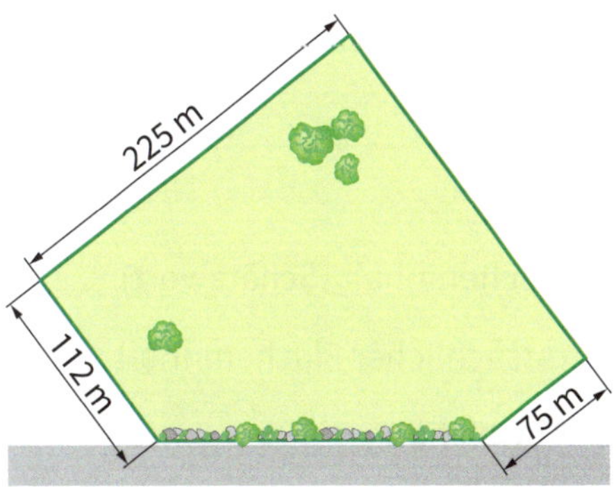

Entschädigung: ____________

Flächeninhalt und Umfang schätzen

1 Der große Preis von Italien wird auf der Autorennstrecke von Monza ausgetragen. Schätze die Länge der Rennstrecke. Vergleiche deine Schätzung mit den Angaben im Internet.

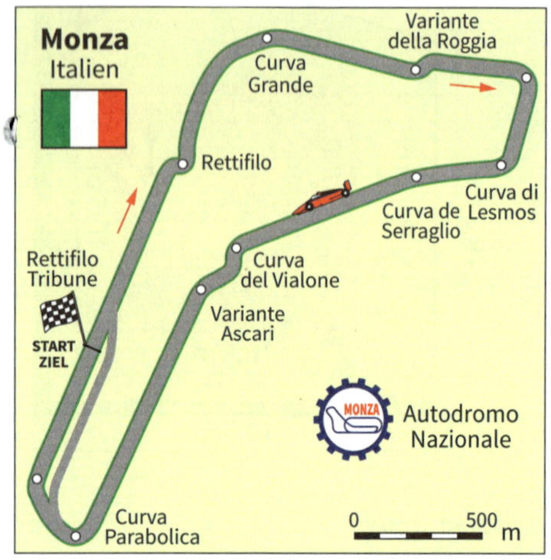

Länge der Rennstrecke (Schätzung): ____________ Angabe im Internet: ____________

Antwort: ____

2 Bestimme einen Schätzwert für den Flächeninhalt der Nordseeinsel Amrum. Überdecke dazu in der Abbildung die Figur mit Flächen, deren Größe du berechnen kannst.
Gib auch an, um wie viel Prozent der Schätzwert vom tatsächlichen Flächeninhalt der Insel abweicht.
Angaben zum tatsächlichen Flächeninhalt findest du in einem Lexikon oder im Internet.

Flächeninhalt (Schätzwert): ____________

tatsächlicher Flächeninhalt: ____________

Abweichung: ____________

Eigenschaften von Vierecken

1 Ergänze zu einem Parallelogramm ABCD mit $\overline{BC} = 4\,cm$ und $\gamma = 65°$.

2 Ergänze zu einem gleichschenkligen Trapez ABCD mit $\alpha = 50°$ und $\overline{BC} = 3\,cm$. Die Symmetrieachse ist s.

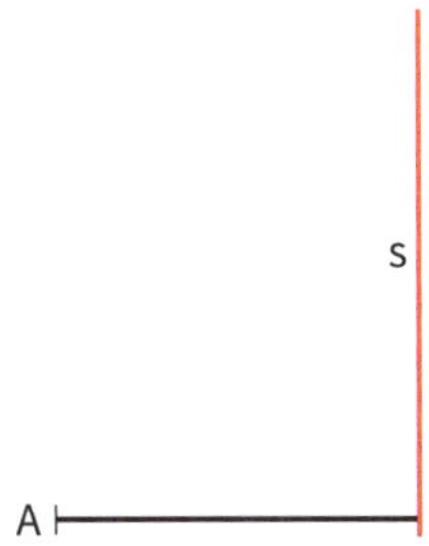

3 Zeichne zwei Rechtecke, die denselben Flächeninhalt, aber nicht denselben Umfang haben.

4 Ein Rechteck hat einen Flächeninhalt von $36\,cm^2$ und einen Umfang von 30 cm. Gib die Seitenlängen an.

a = ____________ b = ____________

5 Ein Rechteck und ein Parallelogramm, das kein Rechteck ist, haben einen gleich großen Flächeninhalt und eine gleich lange Grundseite. Begründe, dass der Umfang des Parallelogramms auf jeden Fall länger ist als der Umfang des Rechtecks.

6 Die Tabelle gibt die Seitenlängen von Vierecken in cm an, außerdem die Längen der Diagonalen sowie ggf. der Höhen (falls sinnvoll). Ergänze die Tabelle.

	Viereck 1	Viereck 2	Viereck 3	Viereck 4	Viereck 5	Viereck 6	Viereck 7
a	5	10	4	8,5	15,4	12,6	8,5
b	12	7	4	8,5	8	5	8,5
c	5	10	13	8,5	2,6	10,4	8,5
d	12	7	13	8,5	8	6	8,5
e	13	16,4	6,4	12	10,2	14,8	8
f	13	5,3	15	12	10,2	10,2	15
h_a	12	3,5	–	8,5	4,8	4,8	7,1
h_b	5	5	–	8,5	–	–	7,1
u							
Bezeichnung des Vierecks							
A							

AUSGANGSTEST 4 – Umfang und Flächeninhalt

1 Berechne den Flächeninhalt und den Umfang der Figur.

a)

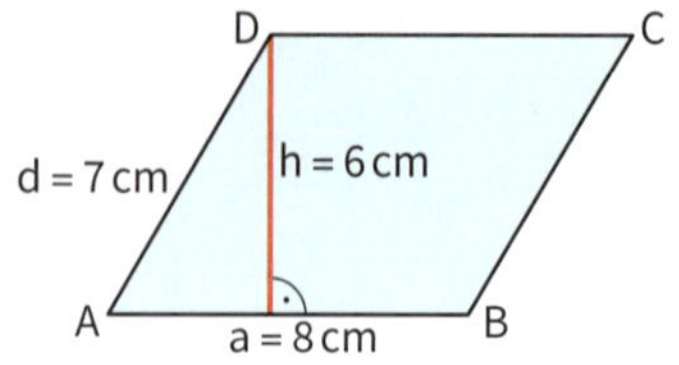

A = ______ u = ______

b)

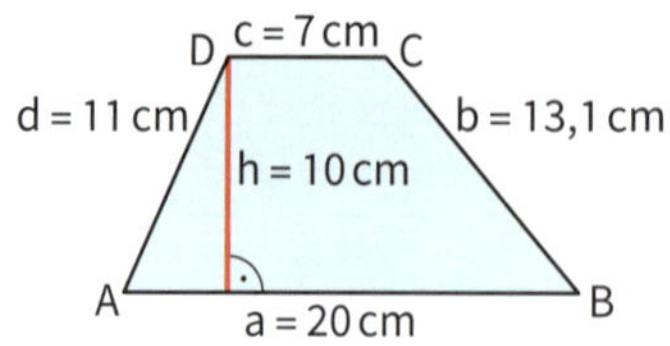

A = ______ u = ______

c)

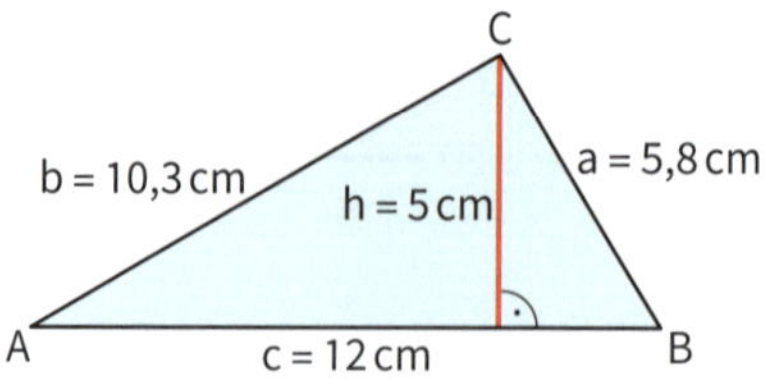

A = ______ u = ______

2 Der Flächeninhalt und der Umfang des abgebildeten Dreiecks sollen berechnet werden.

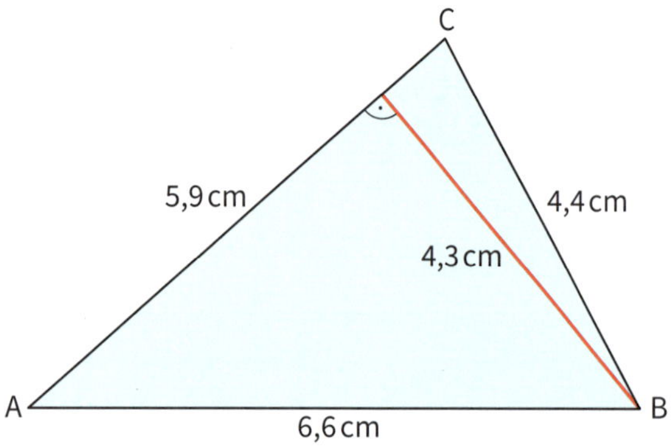

a) Zur Berechnung des Flächeninhalts hat Emilia folgende Lösung aufgeschrieben:

$A = \frac{6{,}6 \cdot 4{,}3}{2} = 14{,}19$; $A = 14{,}19\,\text{cm}^2$.

Erkläre, welchen Fehler sie gemacht hat.

____

____

____

b) Berechne den tatsächlichen Flächeninhalt und den Umfang.

A = ______ u = ______

3 In der Abbildung sind zwei Parallelogramme dargestellt.

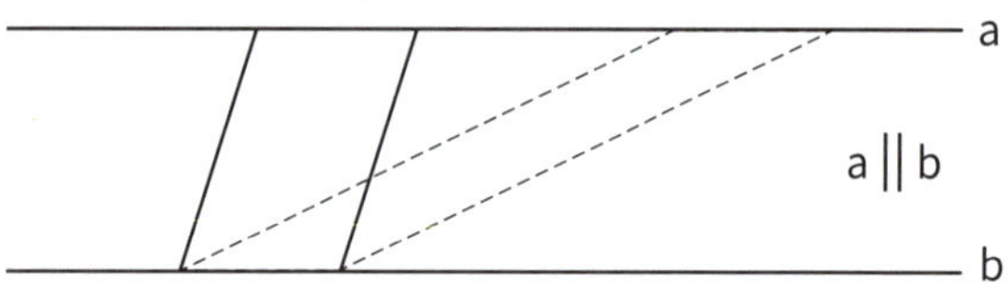

a) Ist der Flächeninhalt der beiden Parallelogramme gleich groß? Kreuze an.

☐ Ja ☐ Nein

b) Begründe deine Antwort.

____

____

4 Ein Schifffahrtskanal hat einen trapezförmigen Querschnitt mit einem Flächeninhalt von 412,45 m². Die Breite der Sohle beträgt 22 m, der Abstand von Ufer zu Ufer in Höhe der Wasseroberfläche beträgt 51 m. Wie hoch steht das Wasser?

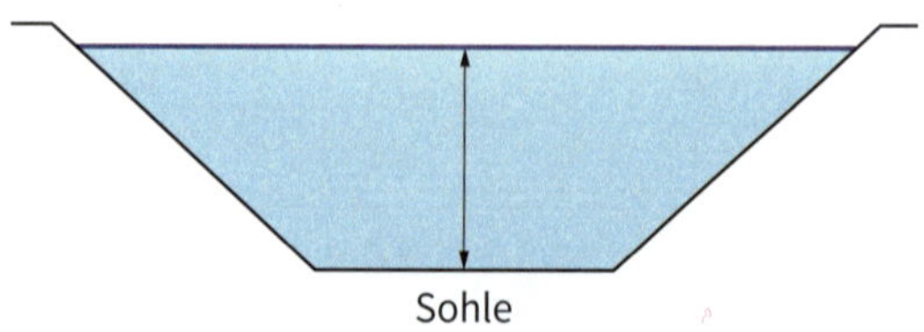

Antwort: ______________________________

AUSGANGSTEST 4 – Umfang und Flächeninhalt

5 Berechne den Flächeninhalt des Vielecks. Zerlege es in geeignete Teilflächen. Es gibt mehrere Möglichkeiten.

a)

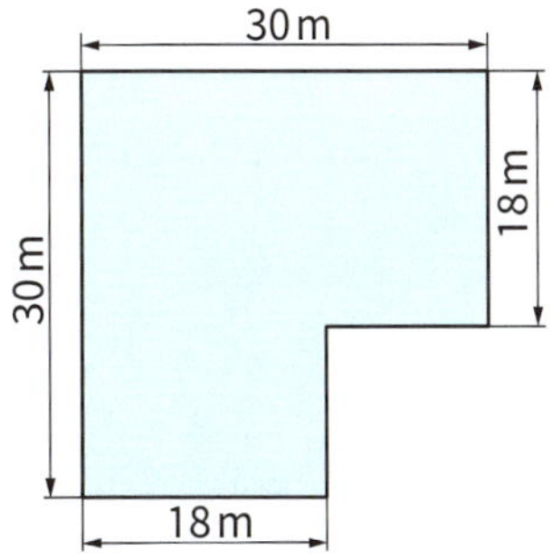

A = ____________

b)

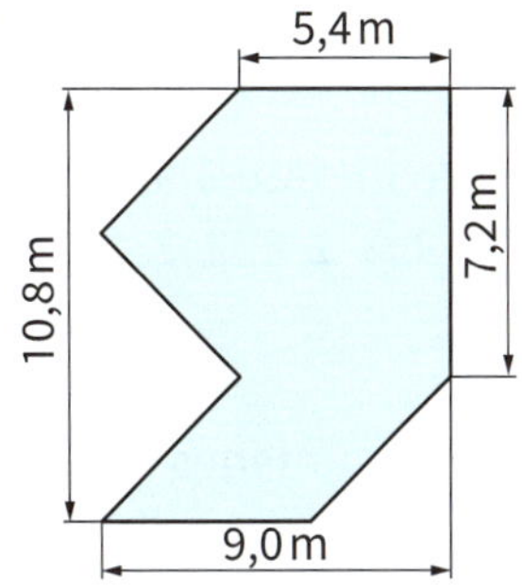

A = ____________

6 Konstruiere das Viereck ABCD aus den gegebenen Stücken. Fertige zunächst eine Planfigur an.

a) Parallelogramm mit
$\overline{AB} = 5\,cm$, $\overline{BC} = 3\,cm$ und $\alpha = 75°$

b) Trapez mit $a \parallel c$
$a = 5\,cm$, $b = 3{,}5\,cm$, $\alpha = 75°$ und $\beta = 85°$

7 Berechne jeweils die fehlenden Größen des Drachens.

	a)	b)	c)
a	2 cm	4 dm	8 cm
b	5 cm	4 dm	
u			36 cm
e	3 cm	6 dm	
f	6,1 cm	5,2 dm	14,9 cm
A			74,5 cm²

Mit dem Zufall rechnen

Zufallsexperimente durchführen und auswerten

1 Die Schüler der Klasse 8 a befragten Mitschülerinnen und Mitschüler im 8. Jahrgang nach der Anzahl der Fernsehgeräte im Haushalt. Sie haben die Ergebnisse in einer Urliste notiert.

Anzahl der Fernsehgeräte im Haushalt
3 2 4 ~~1~~ ~~1~~ 2 2 3 3 4 5 4 3 2 ~~1~~ 2 2 2 3 2 ~~1~~
3 4 2 5

Ergebnis: 1
absolute Häufigkeit: 4
Anzahl der Haushalte: 25
relative Häufigkeit als Bruch: $\frac{4}{25}$
relative Häufigkeit als Dezimalzahl: $\frac{4}{25} = 4:25 = 0,16$
relative Häufigkeit in Prozent: $0,16 = 16\,\%$

a) Bestimme wie im Beispiel für jedes Ergebnis die absolute Häufigkeit. Berechne die relative Häufigkeit als Bruch, als Dezimalzahl und in Prozent. Vervollständige die Tabelle.

Ergebnis		absolute Häufigkeit	relative Häufigkeit als Bruch	relative Häufigkeit als Dezimalzahl	relative Häufigkeit in Prozent
1	////	4			
2					
3					
4					
5					
Summe					

b) Stelle die absoluten Häufigkeiten in einem Säulendiagramm und die relativen Häufigkeiten in Prozent in einem Balkendiagramm dar.

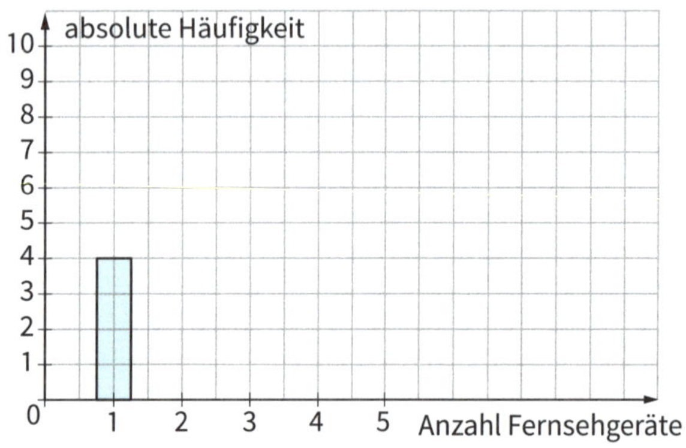

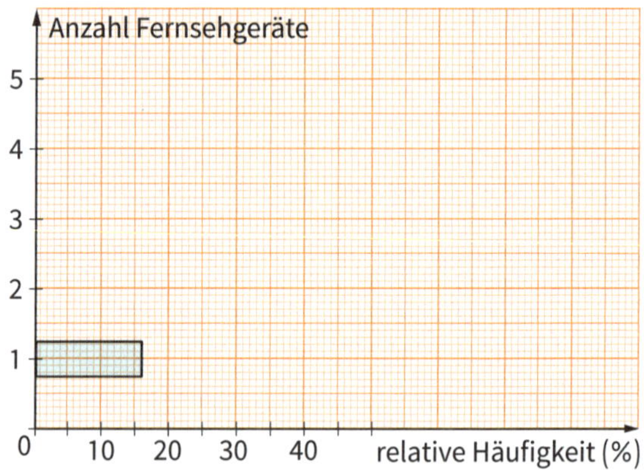

c) Stelle das Ergebnis der Befragung in dem abgebildeten Streifendiagramm (Gesamtlänge 10 cm) dar. Berechne dazu die Länge der einzelnen Abschnitte wie im Beispiel.

Ergebnis: 1
relative Häufigkeit: 0,16
Gesamtlänge: 10 cm
Länge des zugehörigen Abschnitts: $0,16 \cdot 10\text{ cm} = 1,6\text{ cm}$

2 Aus der abgebildeten Urne wurde mehrmals nacheinander eine Kugel gezogen und die Ziffer auf der Kugel in einer Urliste notiert. Anschließend wurde die Kugel wieder zurückgelegt.

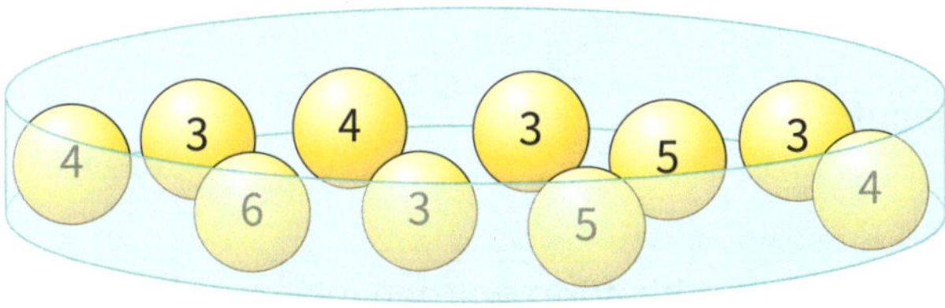

gezogene Ziffer

~~4~~ ~~3~~ 5 3 3 4 4 3 5 6 4 3 3 6 5 5 3
4 5 3 3 4 4 3 6 5 3 4 3 3 5 3 4 4
3 3 5 3 5 4 3 6 3 3 4 5 4 4 3 5

a) Bestimme die absoluten Häufigkeiten der Ergebnisse mithilfe der Strichliste und trage sie in die Häufigkeitstabelle ein.

b) Berechne die relativen Häufigkeiten als Bruch und als Dezimalzahl und trage sie ebenfalls in die Tabelle ein. Berechne auch die Summe der relativen Häufigkeiten als Bruch und als Dezimalzahl.

Strichliste

Ergebnis	absolute Häufigkeit
3	|
4	|
5	
6	

Häufigkeitstabelle

Ergebnis	absolute Häufigkeit	relative Häufigkeit als	
		Bruch	Dezimalzahl
3			
4			
5			
6			
Summe			

c) Welche relativen Häufigkeiten erwartest du für das Ergebnis 3 (4; 5; 6) bei 1 000 Durchführungen des Zufallsexperiments? Begründe deine Antwort.

erwartete relative Häufigkeit für 3: ______ erwartete relative Häufigkeit für 4: ______

erwartete relative Häufigkeit für 5: ______ erwartete relative Häufigkeit für 6: ______

Begründung: ____

____

3 Der abgebildete Klemmbaustein wurde mehrere Male geworfen, die absoluten Häufigkeiten der Ergebnisse in der Häufigkeitstabelle notiert.

Mögliche Ergebnisse:

Noppen **oben**
Noppen **unten**
Seite

a) Berechne die relativen Häufigkeiten als Bruch und als Dezimalzahl und trage sie in die Tabelle ein.

b) Welche relativen Häufigkeiten erwartest du bei 5 000 Würfen?

oben: ______ unten: ______ Seite: ______

Begründe: ____

____

____

Ergebnis	absolute Häufigkeit	relative Häufigkeit als	
		Bruch	Dezimalzahl
oben	68		
unten	76		
Seite	56		
Summe			

Wahrscheinlichkeiten von Ergebnissen bestimmen

1 Aus der Urne wird eine Kugel gezogen und die zugehörige Zahl notiert. Dann wird die Kugel wieder in die Urne zurückgelegt.

a) Schreibe die Menge S aller möglichen Ergebnisse auf.

S = {____________________________________

b) Das Zufallsexperiment „Ziehen einer Kugel" soll 100-mal durchgeführt werden. Welche absolute Häufigkeit erwartest du für jedes einzelne Ergebnis? Welche relative Häufigkeit erwartest du?

erwartete absolute Häufigkeit: erwartete relative Häufigkeit:

c) Das Zufallsexperiment soll 1 000-mal durchgeführt werden.

erwartete absolute Häufigkeit: erwartete relative Häufigkeit:

2 Das Glücksrad wird einmal gedreht und die Farbe, auf die der Zeiger weist, notiert.

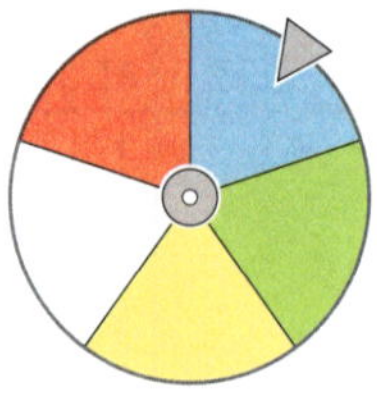

a) Schreibe die Ergebnismenge S auf.

S = {____________________________________

b) Das Zufallsexperiment „Drehen des Glücksrades" soll 300-mal durchgeführt werden. Welche absolute Häufigkeit, welche relative Häufigkeit erwartest du für jedes einzelne Ergebnis?

erwartete absolute Häufigkeit: erwartete relative Häufigkeit:

c) Das Zufallsexperiment soll 4 000-mal durchgeführt werden.

erwartete absolute Häufigkeit: erwartete relative Häufigkeit:

3 In einer Lostrommel liegen ein Hauptgewinn, 19 Kleingewinne, 30 Freilose und 450 Nieten. Ein Los wird gezogen. Bestimme die Ergebnismenge S und die Wahrscheinlichkeiten aller möglichen Ergebnisse.

S = {____________________________________

Anzahl aller Lose:

P (Hauptg.) = P (Kleing.) =

P (Freilos) = P (Niete) =

4 Von einem Sammelkartenspiel besitzt Fynn zwölf normale, acht glitzernde, neun silberne und sieben goldene Karten. Er zieht eine Karte aus seinem Kartendeck. Bestimme die Wahrscheinlichkeiten aller Ergebnisse.

Anzahl aller Karten:

P (normale Karte) =

P (glitzernde Karte) =

P (silberne Karte) =

P (goldene Karte) =

5 Jugendliche in Deutschland wurden gefragt, von welcher Musikrichtung sie sich als Fan bezeichnen. Das Ergebnis der Befragung wird in der Häufigkeitstabelle dargestellt.
Ein zufällig ausgewählter Jugendlicher wird gefragt, von welcher Musikrichtung er sich als Fan bezeichnet. Bestimme die Wahrscheinlichkeiten aller Ergebnisse.

Ergebnis	Pop	Rap	Rock	Techno
absolute Häufigkeit	438	354	312	96

P (Pop) = P (Rap) =

P (Rock) = P (Techno) =

Wahrscheinlichkeiten von Ergebnissen bestimmen

6 Das rechts beschriebene Zufallsexperiment ist ein Laplace-Experiment. Bestimme die Wahrscheinlichkeit für jedes Ergebnis. Gib die Wahrscheinlichkeit auch in Prozent an. Runde dabei auf zwei Nachkommastellen.

> Zufallsexperimente, bei denen alle Ergebnisse gleich wahrscheinlich sind, heißen **Laplace-Experimente**.
> Für die Wahrscheinlichkeit jedes Ergebnisses gilt dann:
>
> $$P(\text{Ergebnis}) = \frac{1}{\text{Anzahl aller Ergebnisse}}$$

a) In einer Urne befinden sich 38 gleichartige Kugeln, die die Zahlen von 1 bis 38 tragen. Eine Kugel wird gezogen.

P (Ergebnis) = ____________________

b) Aus einem Kartenspiel mit 54 Karten wird eine Karte gezogen.

P (Ergebnis) = ____________________

c) Ein Kleinbuchstabe des Alphabets wird zufällig bestimmt.

P (Ergebnis) = ____________________

7 Für eine Tombola soll eine Lostrommel mit 500 Losen befüllt werden. Die Wahrscheinlichkeit für einen Hauptgewinn soll $\frac{1}{250}$ betragen, die Wahrscheinlichkeit für einen Gewinn $\frac{2}{50}$, für einen Kleingewinn $\frac{3}{20}$ und für ein Freilos $\frac{1}{4}$.
Im Beispiel wird die Anzahl der Lose mit einem Hauptgewinn berechnet.

> $P(\text{Hauptgewinn}) = \frac{1}{250}$
>
> Anteil der Lose mit einem Hauptgewinn an allen 500 Losen: $\frac{1}{250}$
>
> $\frac{1}{250}$ von 500: $\frac{1}{250} \cdot 500 = 2$
>
> Die Urne muss 2 Lose mit einem Hauptgewinn enthalten.

a) Wie viele Lose mit einem Gewinn (einem Kleingewinn) müssen in die Urne gesteckt werden?

Anzahl der Lose mit einem Gewinn:

Anzahl der Lose mit einem Kleingewinn:

b) Wie viele Freilose, wie viele Nieten muss die Urne enthalten?

Anzahl der Freilose:

Anzahl der Nieten:

8 Ein Glücksrad soll in gleich große Kreisausschnitte eingeteilt werden, die entweder das Symbol für Kreuz, Pik, Herz oder Karo tragen. Die Wahrscheinlichkeit dafür, dass der Zeiger auf ein Feld mit Kreuz zeigt, soll $\frac{1}{4}$ betragen, auf ein Feld mit Pik ebenfalls $\frac{1}{4}$, auf ein Feld mit Herz $\frac{1}{6}$ und auf ein Feld mit Karo $\frac{1}{3}$.

Kreuz Pik Herz Karo

a) Wie viele Kreisausschnitte wählst du?

b) Wie viele Kreisausschnitte tragen dann Kreuz (Pik, Herz, Karo)?

Anzahl der Kreisausschnitte mit

Kreuz: Pik:

Herz: Karo:

Wahrscheinlichkeiten von Ergebnissen schätzen

1 Beim Werfen eines Sechser-Klemmbausteins gibt es vier mögliche Ergebnisse: Noppen oben, Noppen unten, große Seitenfläche, kleine Seitenfläche.
Die Wahrscheinlichkeiten der einzelnen Ergebnisse lassen sich nur schätzen. Dazu muss das Zufallsexperiment vorher möglichst oft durchgeführt worden sein.

a) Berechne die relativen Häufigkeiten als Dezimalzahl und trage sie in die Tabelle ein.

b) Gib für jedes Ergebnis einen Schätzwert für die Wahrscheinlichkeit an.

P (Noppen oben) = __________

P (Noppen unten) = __________

P (große Seitenfläche) = __________

P (kleine Seitenfläche) = __________

Ergebnis	absolute Häufigkeit	relative Häufigkeit
o	181	
u	248	
gs	62	
ks	9	
Summe		

2 In der Tabelle siehst du das Ergebnis einer Umfrage zum Thema „Radionutzung“ unter Jugendlichen.
Ein zufällig ausgewählter Jugendlicher wird gefragt, wie oft er das Radio nutzt.
Gib zu jedem möglichen Ergebnis einen Schätzwert für die Wahrscheinlichkeit an.

P (täglich bis mehrmals pro Woche) = __________

P (einmal im Monat/seltener) = __________

P (nie) = __________

P (einmal pro Woche/einmal alle 14 Tage) = __________

Wie oft nutze ich das Radio?

Ergebnis	absolute Häufigkeit	relative Häufigkeit
täglich bis mehrmals pro Woche	900	
einmal pro Woche/ einmal alle 14 Tage	96	
einmal im Monat/ seltener	120	
nie	84	
Summe		

3 In dem Text rechts findest du Informationen zu drei medizinischen Sachverhalten.

a) Bestimme zu jedem Sachverhalt jeweils die Wahrscheinlichkeit.

Blutgruppe:
P (AB) = P (B) =

Rot-Grün-Farbsehschwäche:
P (Männer) = P (Frauen) =

Übergewicht:
P (Männer) = P (Frauen) =

b) Vergleiche die Wahrscheinlichkeiten bei der Rot-Grün-Farbsehschwäche (beim Übergewicht) von Frauen und Männern.

Von 250 Europäern haben 15 die Blutgruppe AB, von 150 Europäern 21 die Blutgruppe B.

Von 200 untersuchten Männern haben 18 eine Rot-Grün-Farbsehschwäche, von 1 500 untersuchten Frauen 16.

In Deutschland haben 150 von 200 Männern und 236 von 400 Frauen Übergewicht.

Ereignisse

1 Bestimme die Ergebnismenge S des Zufallsexperiments.

a) Eine Münze wird einmal geworfen.

S = {______

b) Ein Würfel wird einmal geworfen.

S = {______

c) Aus einer Urne mit roten, grünen, blauen und gelben Kugeln wird eine Kugel gezogen.

S = {______

Zufallsexperiment: Ziehen einer Kugel

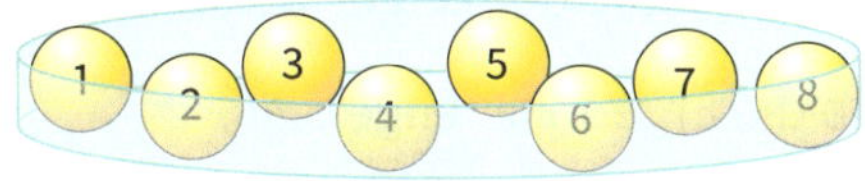

Die Menge aller möglichen Ergebnisse eines Zufallsexperiments heißt **Ergebnismenge** S.

S = {1, 2, 3, 4, 5, 6, 7, 8}

Ein Ereignis E ist eine Teilmenge von S.

E: Die gezogene Zahl ist gerade.
E = {2, 4, 6, 8}

2 In einer Urne befinden sich zwölf gleichartige Kugeln, die die Zahlen von 1 bis 12 tragen. Eine Kugel wird aus der Urne gezogen.

a) Gib die Ergebnismenge S an.

S = {______

b) Gib die folgenden Ereignisse jeweils als Teilmenge von S an.

E_1: Die gezogene Zahl ist ungerade.

E_1 = {______

E_2: Die gezogene Zahl ist durch 3 teilbar.

E_2 = {______

E_3: Die gezogene Zahl ist kleiner als 6.

E_3 = {______

E_4: Die gezogene Zahl ist durch 9 teilbar.

E_4 = {______

c) Gib die folgenden Ereignisse jeweils als Teilmenge von S an. Dabei kannst du auch das unmögliche Ereignis E = { } oder das sichere Ereignis E = S erhalten.

E_5: Die gezogene Zahl ist höchstens 12.

E_5 = {______

E_6: Die gezogene Zahl ist eine Primzahl.

E_6 = {______

E_7: Die gezogene Zahl ist mindestens 13.

E_7 = {______

d) Beschreibe die folgenden Ereignisse.

E_8 = {4, 8, 12}

E_8: ______

E_9 = {4, 5, 6, 7, 8}

E_9: ______

3 In der abgebildeten Lostrommel befinden sich Nieten, Freilose und Gewinnlose mit Gewinnen von 2 €, 5 €, 10 €, 50 €, 100 € oder 1 000 €. Es wird ein Los gezogen.
Gib die folgenden Ereignisse als Menge von Ergebnissen an.

E_1: Es wird ein Gewinn gezogen.

E_1 = {______

E_2: Es wird ein Gewinn über 5 € gezogen.

E_2 = {______

E_3: Es wird kein Gewinn gezogen.

E_3 = {______

E_4: Es wird ein Gewinn über 1 000 € gezogen.

E_4 = {______

Wahrscheinlichkeiten von Ereignissen

1 Das abgebildete Glücksrad soll einmal gedreht werden. Die Zahl, auf die der Zeiger weist, wird notiert.

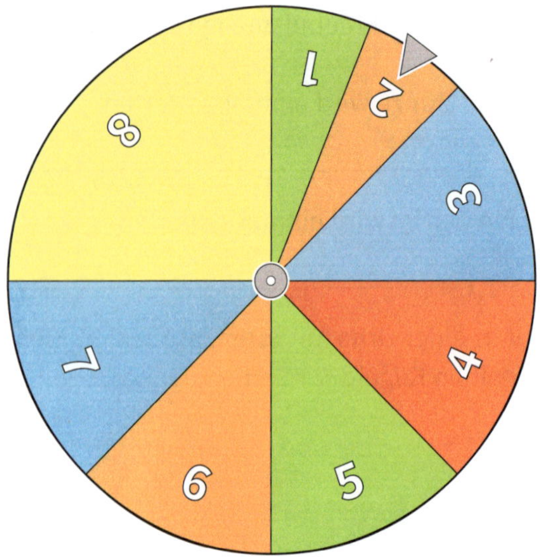

a) Gib die Ergebnismenge S an.

S = {______________________________

b) Berechne wie im Beispiel die Wahrscheinlichkeit für jedes Ergebnis.

Ergebnis: 1 (der Zeiger zeigt auf die 1)

Anteil des zu 1 gehörigen Kreisausschnitts an der Kreisfläche: $\frac{1}{16}$

Wahrscheinlichkeit für das Ergebnis „1“: $P(1) = \frac{1}{16}$

P (2) = ____ P (3) = ____ P (4) = ____ P (5) = ____ P (6) = ____ P (7) = ____ P (8) = ____

c) Luke hat das Ereignis „E: Der Zeiger zeigt auf eine ungerade Zahl.“ als Teilmenge von S angegeben.
Anschließend will er die Wahrscheinlichkeit von E berechnen, indem er die Wahrscheinlichkeiten der zugehörigen Ergebnisse addiert.
Vervollständige seine Rechnung.

E: Der Zeiger zeigt auf eine ungerade Zahl.

$E = \{1, 3, 5, 7\}$

$P(E) = P(1) + P(3) + P(5) + P(7)$

$= \frac{1}{16} +$

$P(E) =$

d) Gib die folgenden Ereignisse jeweils als Teilmenge von S an und berechne ihre Wahrscheinlichkeit.

E_1: Der Zeiger zeigt auf eine gerade Zahl.

E_2: Der Zeiger zeigt auf eine Primzahl.

E_3: Der Zeiger zeigt auf eine Zahl größer als 3.

E_4: Der Zeiger zeigt auf eine Zahl zwischen 2 und 7.

Wahrscheinlichkeiten von Ereignissen

2 Eine Umfrage unter 13- bis 14-jährigen Schülerinnen und Schülern zum Thema „monatliches Taschengeld" führte zu dem in der Häufigkeitstabelle dargestellten Ergebnis.

a) Berechne die relativen Häufigkeiten als Schätzwerte für die Wahrscheinlichkeiten und trage sie in die Tabelle ein.

b) Gib die Ergebnismenge S an.

S = {________________

monatliches Taschengeld (€)	absolute Häufigkeit	Wahrscheinlichkeit
15	29	
20	98	
25	152	
30	116	
35	60	
40	25	
50	20	
Summe		

c) Gib die folgenden Ereignisse jeweils als Teilmenge von S an und berechne ihre Wahrscheinlichkeit.

E_1: Ein zufällig ausgewählter 13- bis 14-jähriger Schüler erhält mehr als 25 € monatliches Taschengeld.

E_1 = {________________

$P(E_1)$ =

E_2: Eine zufällig ausgewählte 13- bis 14-jährige Schülerin erhält weniger als 35 € monatliches Taschengeld.

E_2 = {________________

$P(E_2)$ =

E_3: Ein zufällig ausgewählter 13- bis 14-jähriger Schüler erhält mindestens 20 € und höchstens 40 € monatliches Taschengeld.

E_3 = {________________

$P(E_3)$ =

E_4: Eine zufällig ausgewählte 13- bis 14-jährige Schülerin erhält mindestens 35 € monatliches Taschengeld.

E_4 = {________________

$P(E_4)$ =

3 Bei dem Lottospiel „6 aus 49" befinden sich 49 gleichartige Kugeln in einer Lostrommel, die die Zahlen von 1 bis 49 tragen. Das Ziehen der ersten Kugel ist ein Laplace-Experiment, denn alle Ergebnisse sind gleich wahrscheinlich.

a) Gib die Wahrscheinlichkeit für jedes Ergebnis an.

$P(1) = P(2) = ... = P(48) = P(49) =$

b) Um die Wahrscheinlichkeit von Ereignissen bestimmen zu können, musst du nur die Anzahl der zugehörigen Ergebnisse bestimmen. Gib die folgenden Ergeignisse jeweils als Teilmenge von S an und berechne ihre Wahrscheinlichkeit.

E_1: Die zuerst gezogene Zahl ist kleiner als 9.

E_1 = {____________ $P(E_1)$ =

E_2: Die zuerst gezogene Zahl ist größer als 43.

E_2 = {____________ $P(E_2)$ =

c) Berechne die Wahrscheinlichkeit von E mithilfe der Wahrscheinlichkeit des Gegenereignisses $\overline{E}$. Gib das Gegenereignis zunächst als Teilmenge von S an.

E: Die zuerst gezogene Kugel trägt nicht die Zahl 13.

$\overline{E}$ = {________________ $P(\overline{E})$ = $P(E)$ =

Wahrscheinlichkeiten im Alltag

1 a) Beschreibe, was in der Abbildung dargestellt wird.

b) Vergleiche die Wege der Fernsehnutzung miteinander.

Wege der Fernsehnutzung

in den letzten 14 Tagen

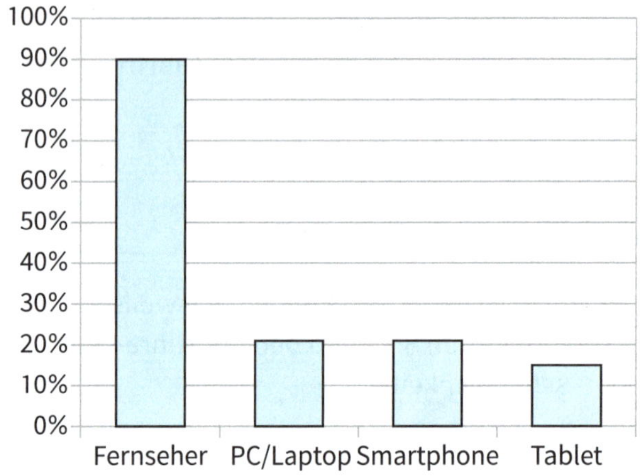

2 Eine Untersuchung zum Bluthochdruckrisiko bei übergewichtigen Kindern und Jugendlichen führte zu dem in dem Diagramm dargestellten Ergebnis. Vergleiche die Wahrscheinlichkeiten.

Bluthochdruckrisiko bei Kindern und Jugendlichen

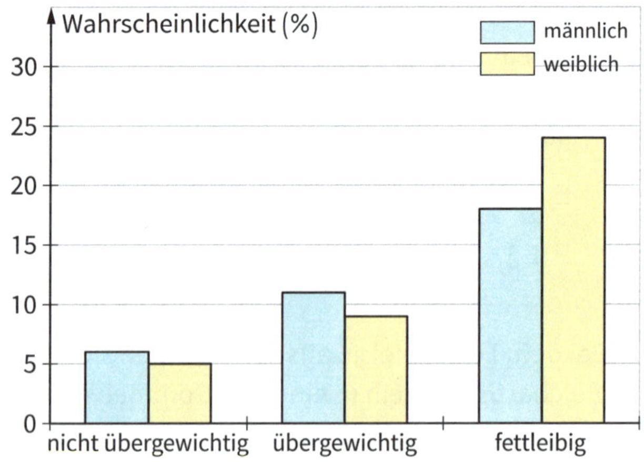

3 Eine Umfrage zum Thema „Dauer des Arbeitsweges“ führte zu dem im Diagramm dargestellten Ergebnis.
Berechne die Wahrscheinlichkeit dafür, dass eine zufällig ausgewählte Person weniger als 30 Minuten (mindestens 45 Minuten) zur Arbeit fährt.

Durchschnittliche Dauer des Arbeitswegs (min)

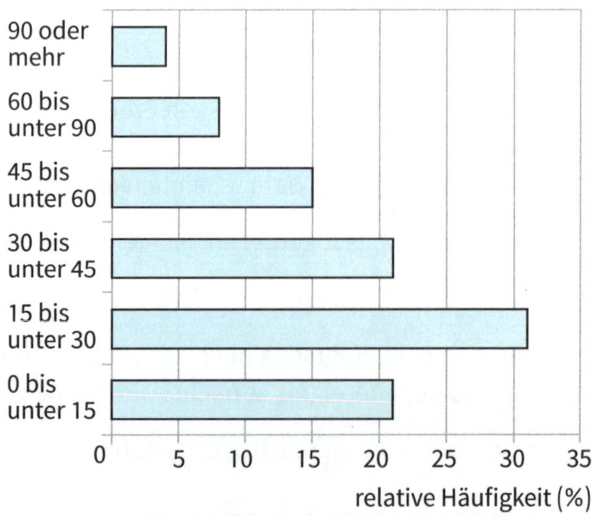

AUSGANGSTEST 5 – Mit dem Zufall rechnen

1 In einer Urne befinden sich 10 gleichartige Kugeln. Davon sind vier Kugeln rot, drei Kugeln weiß, zwei Kugeln blau und eine Kugel gelb gefärbt. Eine Kugel wird aus der Urne gezogen. Berechne die Wahrscheinlichkeiten aller möglichen Ergebnisse.

P (rot) = P (weiß) =

P (blau) = P (gelb) =

2 In einer Urne befinden sich 15 gleichartige Kugeln, die die Zahlen von 1 bis 15 tragen. Aus der Urne wird eine Kugel gezogen.

a) Gib die Ergebnismenge S an. S = {

b) Gib die folgenden Ereignisse jeweils als Teilmenge von S an und berechne ihre Wahrscheinlichkeit.

E_1: Die Zahl ist durch 5 teilbar.

E_2: Die Zahl ist ungerade.

E_3: Die Zahl ist kleiner als 20.

E_4: Die Zahl ist größer als 9.

E_5: Die Zahl ist durch 2 oder 3 teilbar.

E_6: Die Zahl ist kleiner als 1.

c) Berechne die Wahrscheinlichkeit jedes Ereignisses mithilfe der Wahrscheinlichkeit des zugehörigen Gegenereignisses $\overline{E}$. Gib das Gegenereignis zunächst als Teilmenge von S an.

E_7: Die Zahl ist nicht durch drei teilbar.

E_8: Die Zahl ist größer als drei.

3 Ein Glücksrad ist in gleich große Kreisausschnitte eingeteilt, die rot, orange, gelb oder lila gefärbt sind. Für die Wahrscheinlichkeit der Ergebnisse „rot", „orange" und „gelb" soll gelten:
P (rot) = $\frac{7}{16}$, P (orange) = $\frac{1}{4}$, P (gelb) = $\frac{1}{8}$.

a) Bestimme für die vier Farben jeweils die Anzahl der zugehörigen Kreisausschnitte und beschrifte das Glücksrad.

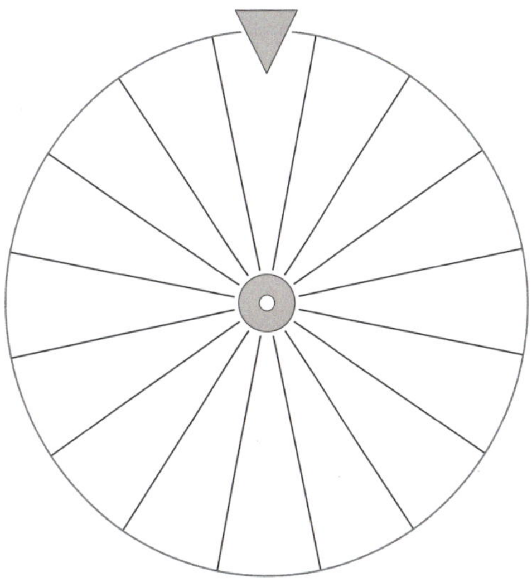

Anzahl der Kreisausschnitte: rot:

orange: gelb: lila:

b) Wie groß ist die Wahrscheinlichkeit dafür, dass der Zeiger auf ein lila Feld zeigt?

P (lila) =

Prismen

Körper beschreiben

1 Beschreibe die Begrenzungsflächen des Körpers. Notiere auch, ob Flächen zueinander parallel und kongruent sind.

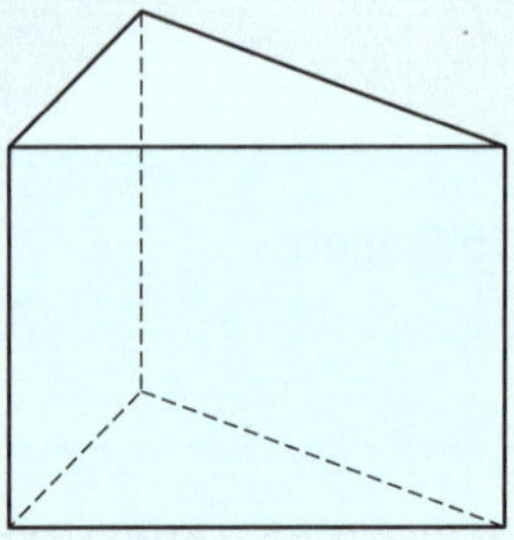

2 zueinander parallele und kongruente Dreiecke, 3 Rechtecke

a)

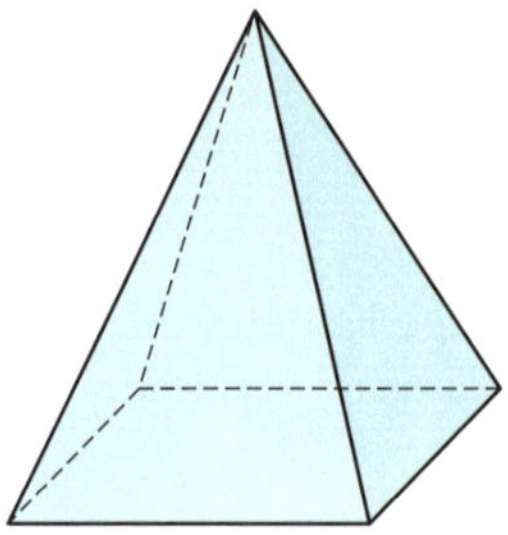

b)

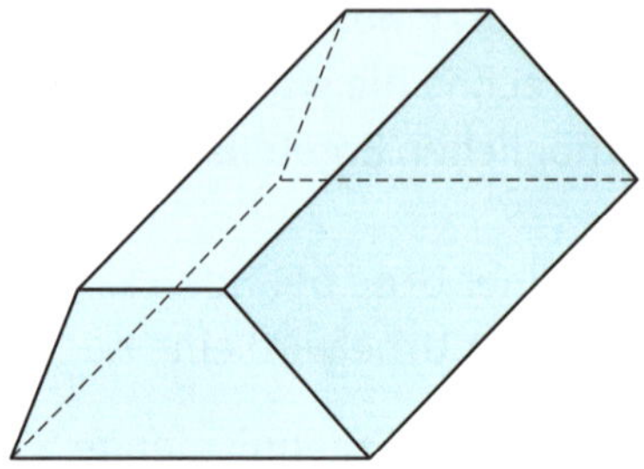

c)

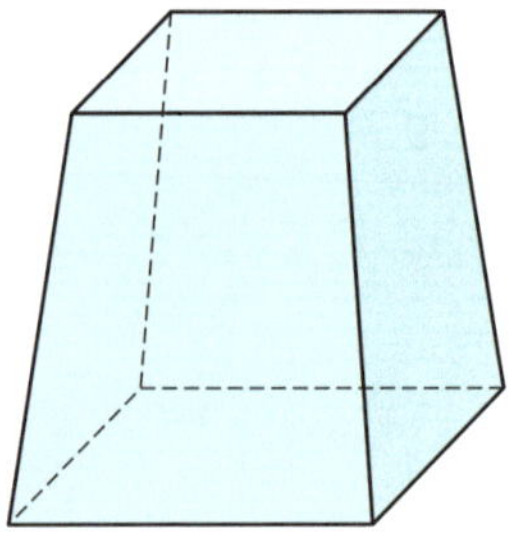

d)

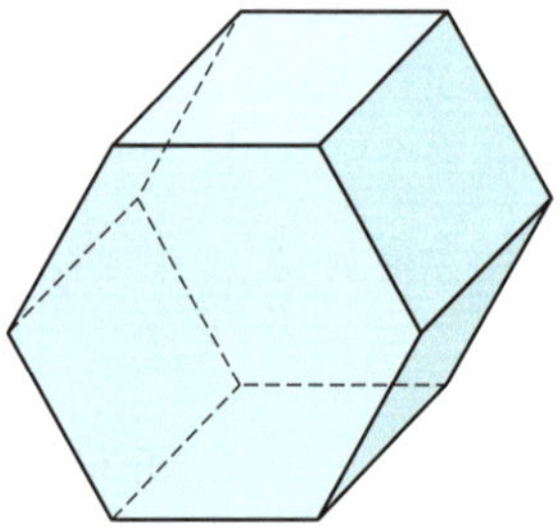

e)

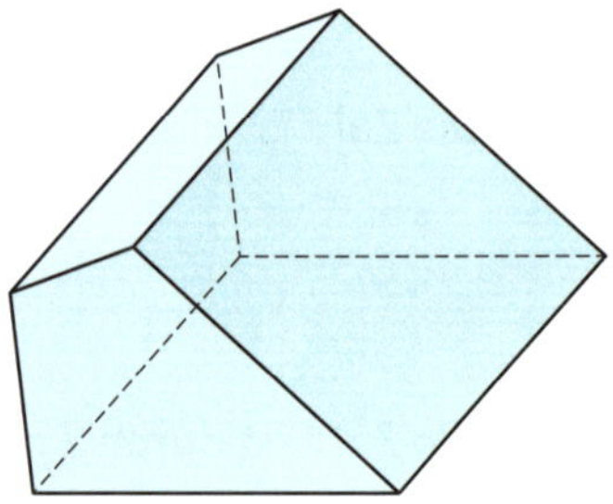

Prisma

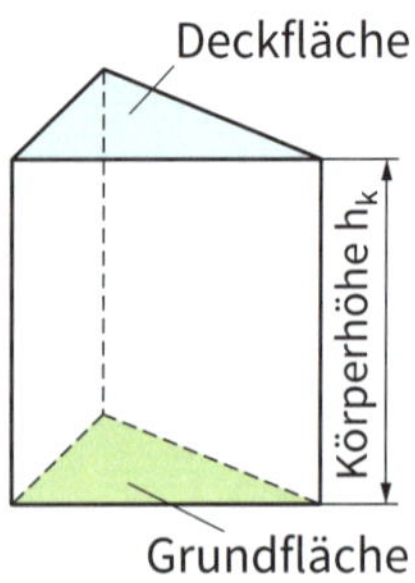

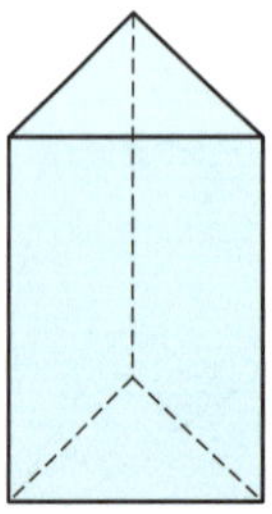

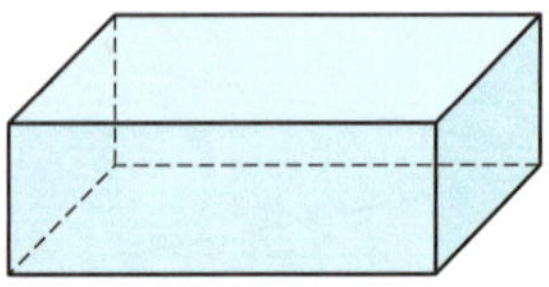

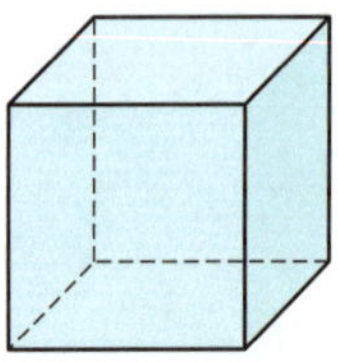

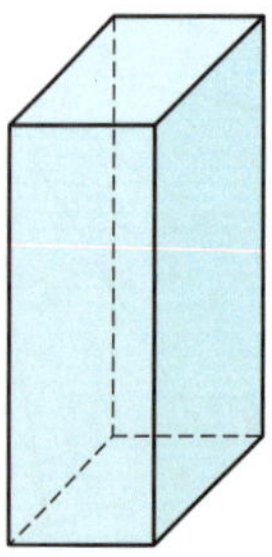

2 Entscheide, ob die folgende Aussage wahr oder falsch ist. Kreuze an.

	wahr	falsch
Die Seitenflächen eines Prismas sind Rechtecke.		
Ein Quader ist ein Prisma.		
Die Seitenflächen eines Prismas stehen senkrecht zu der Grundfläche.		
Zylinder sind Prismen.		
Die Seitenflächen eines dreiseitigen Prismas sind Dreiecke.		
Ein Würfel ist kein Prisma.		
Mindestens zwei Begrenzungsflächen eines Prismas sind zueinander parallel und kongruent.		

Schrägbilder von Prismen

1 Ergänze jeweils das Schrägbild des Prismas. Das Prisma soll auf einer Seitenfläche liegen.

A

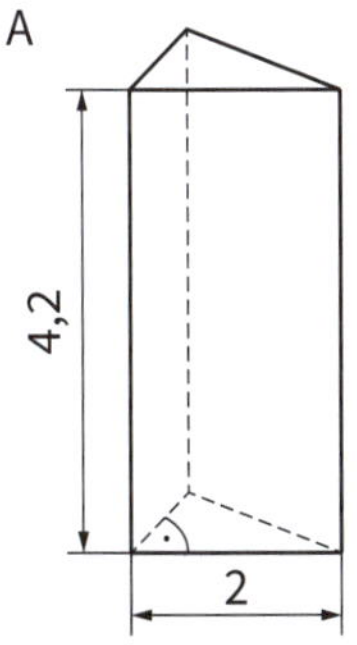

Maße in cm

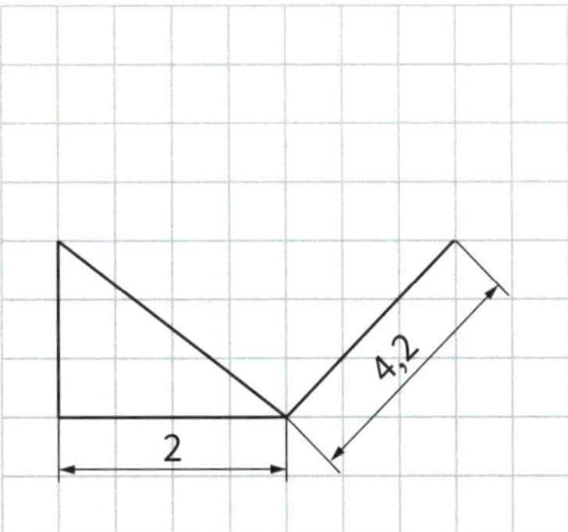

B

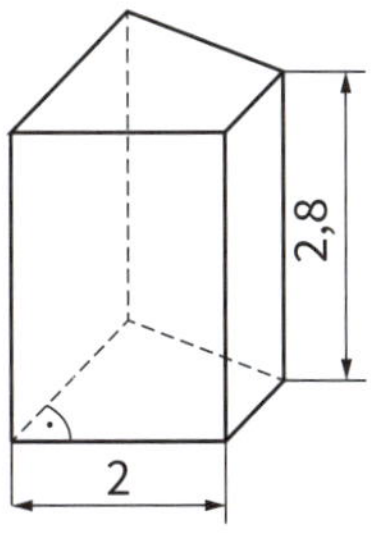

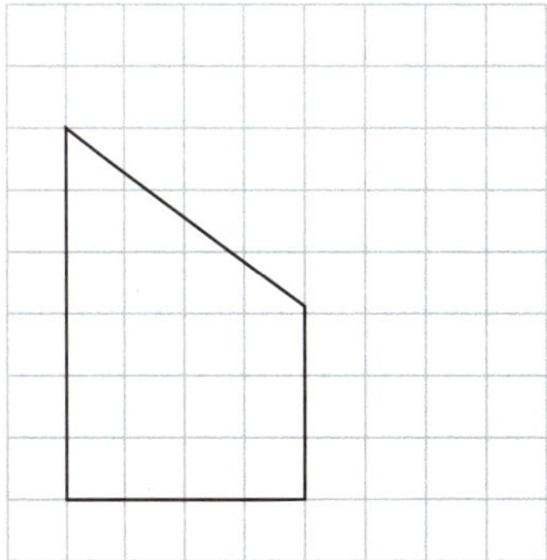

Was musst du bei den nach hinten verlaufenden Kanten beachten?

____

2 Ergänze zum Schrägbild eines liegenden Prismas mit der Körperhöhe $h_k = 5{,}6\,\text{cm}$. Die Grundfläche des Prismas ist abgebildet.

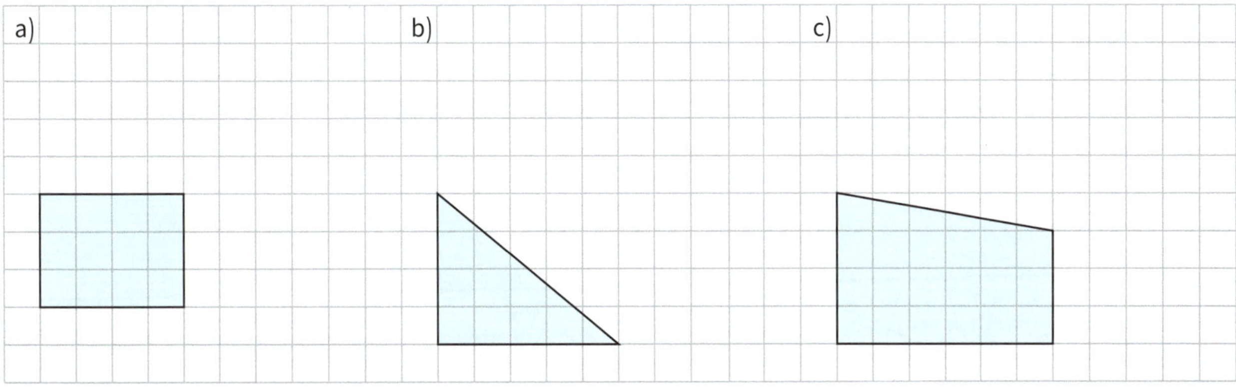

3 Zeichne das Schrägbild des Prismas.

a)

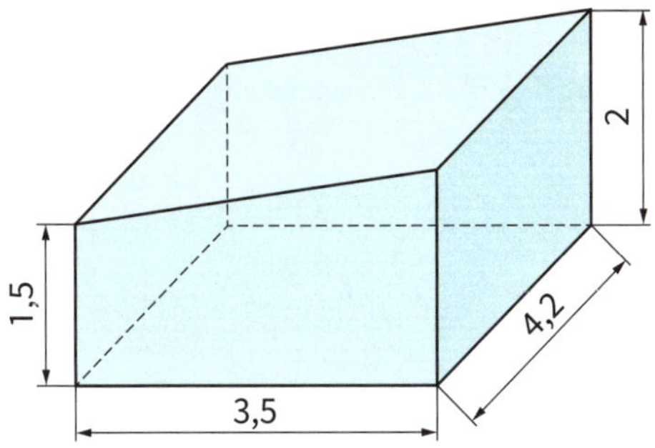

b)

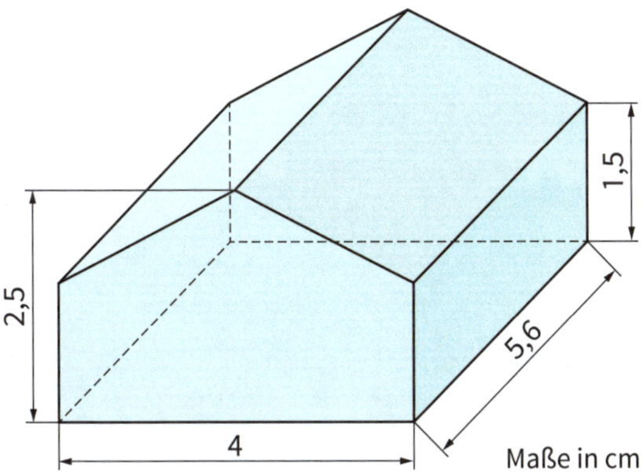

Schrägbilder von Prismen

4 Ergänze das Schrägbild. Das Prisma soll dabei auf seiner Grundfläche G stehen.

a)
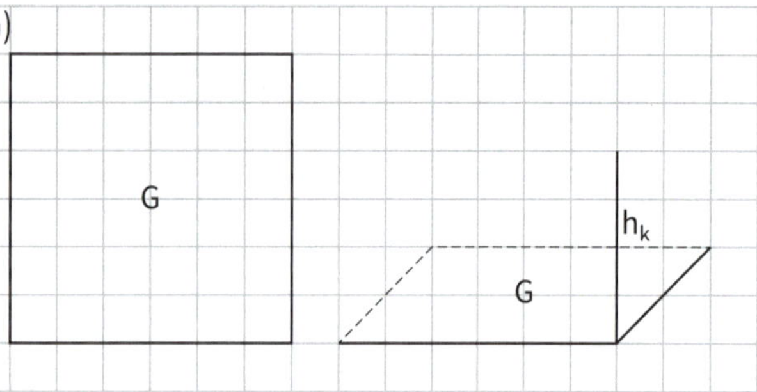

b)
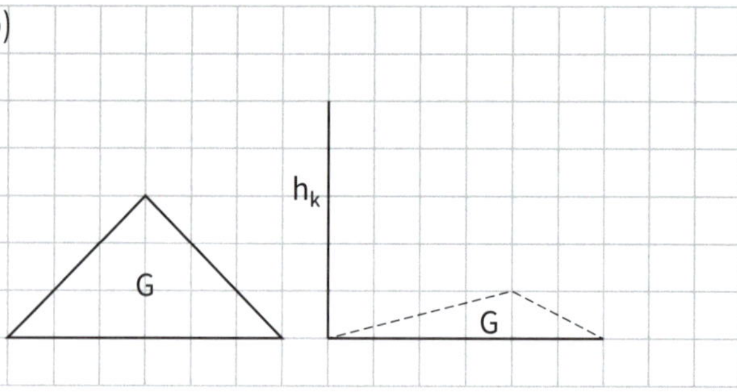

c)
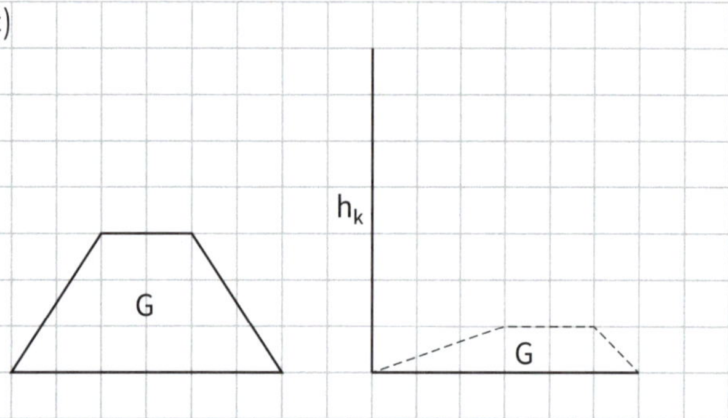

d)
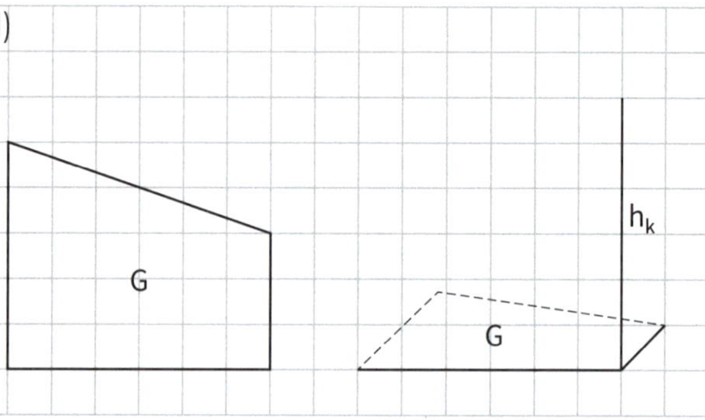

5 Zeichne das Schrägbild des Prismas. Das Prisma soll auf seiner Grundfläche G stehen.

a)
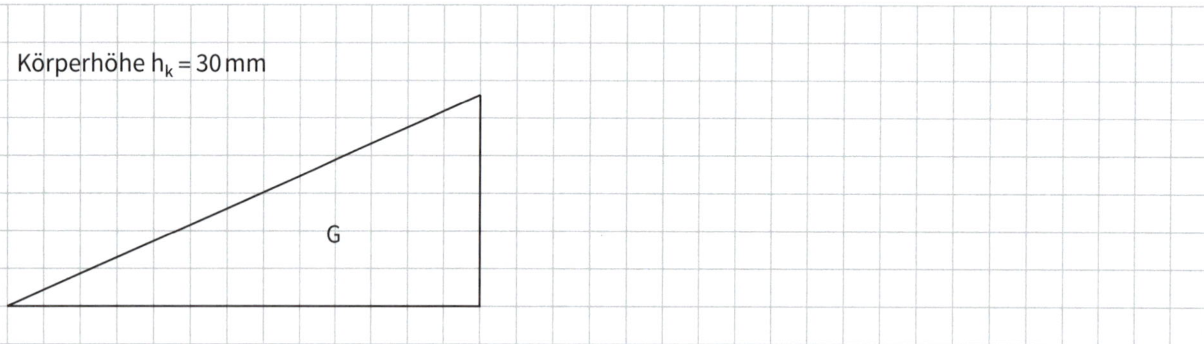

b)
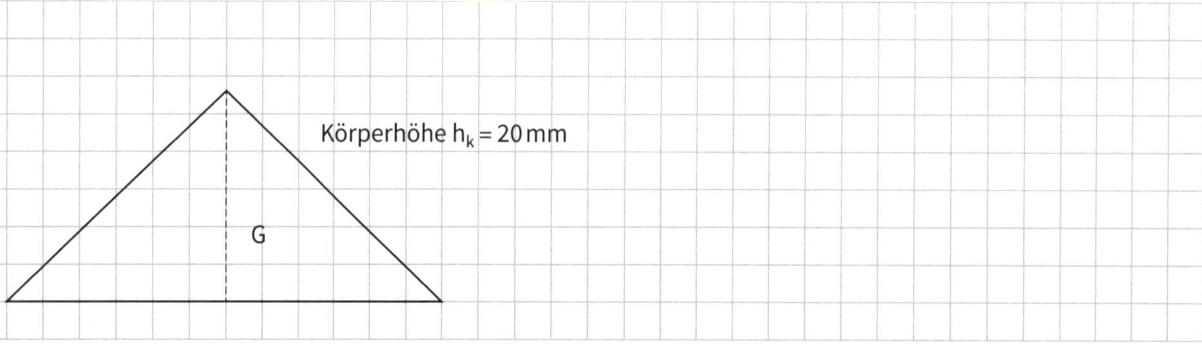

c)
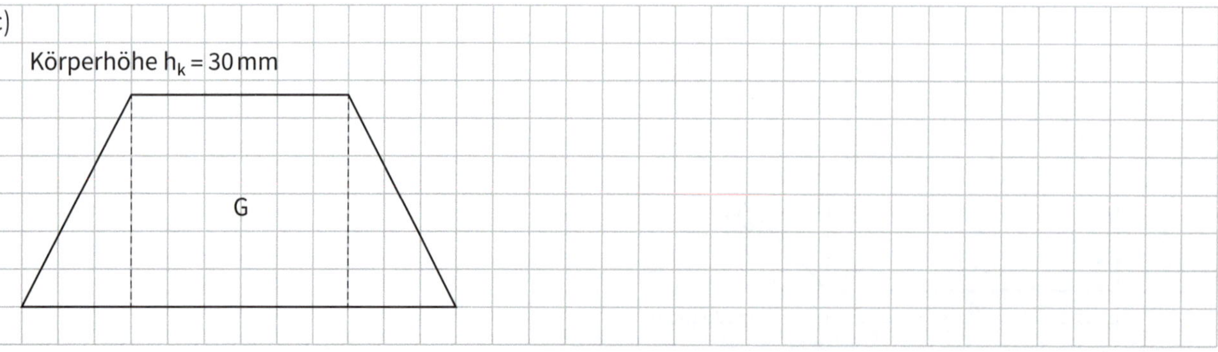

Netz eines Prismas

1 Welches Netz gehört zu einem Prisma? Kreuze an.

☐ 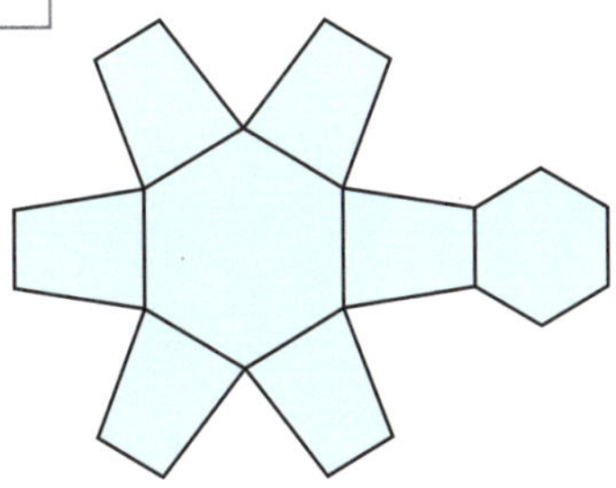

☐ 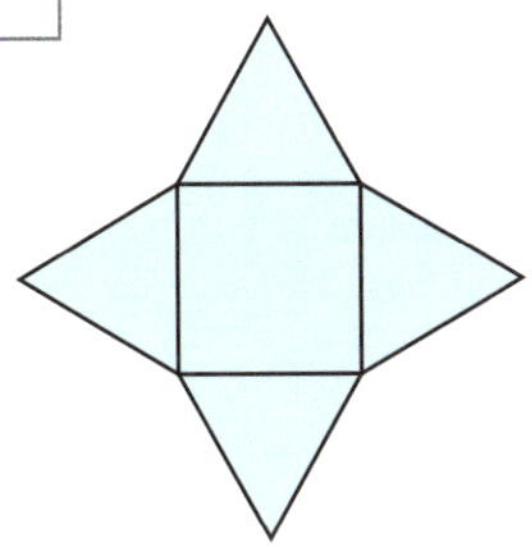

☐ 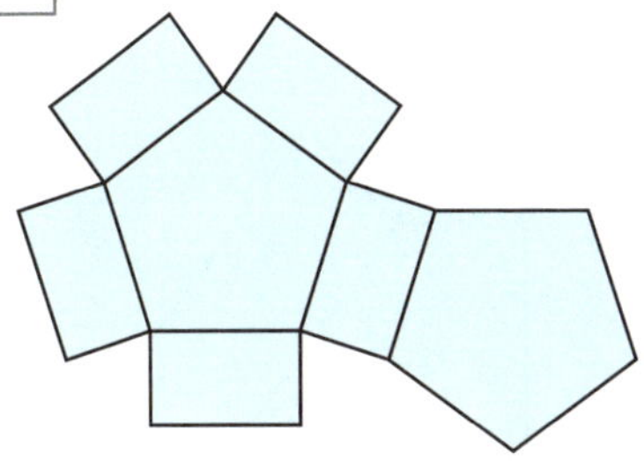

2 Welche Figur ist das Netz eines dreiseitigen Prismas? Kreuze an.

☐ 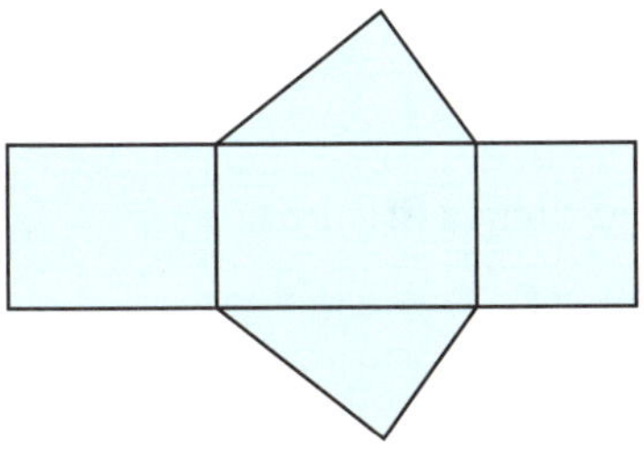

☐ 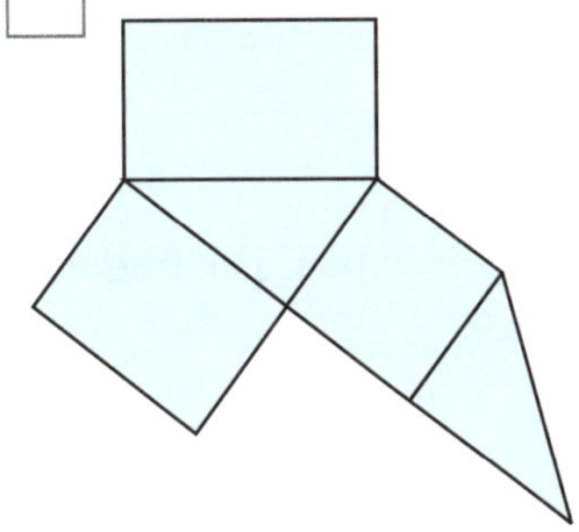

☐ 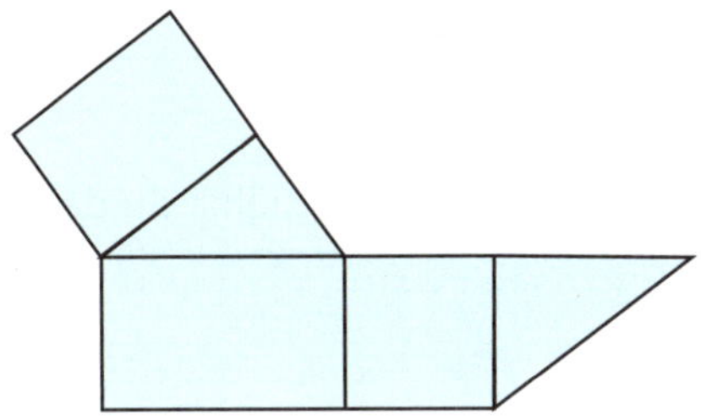

3 Ergänze zum Netz eines Prismas.

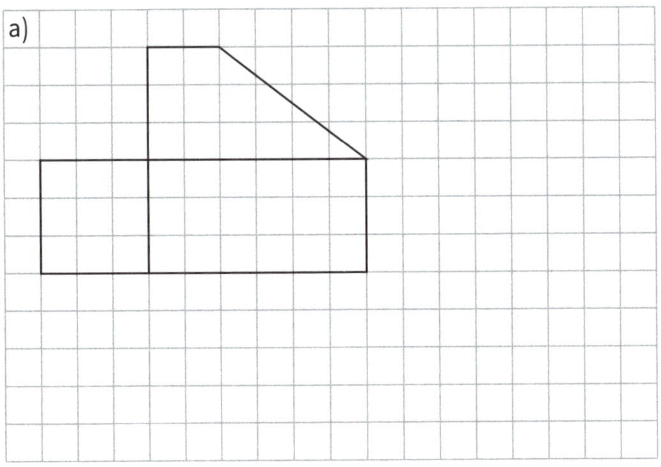

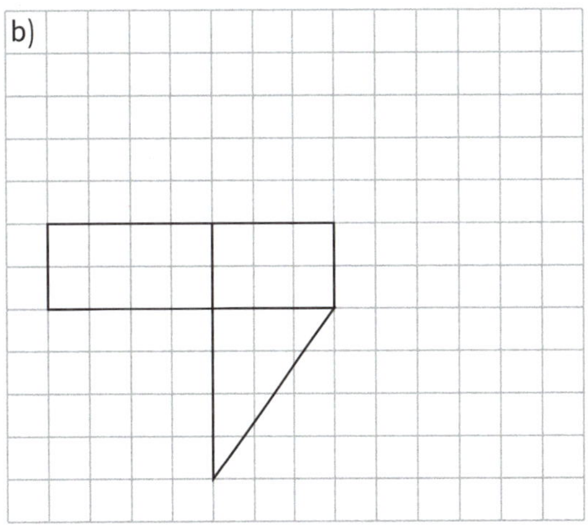

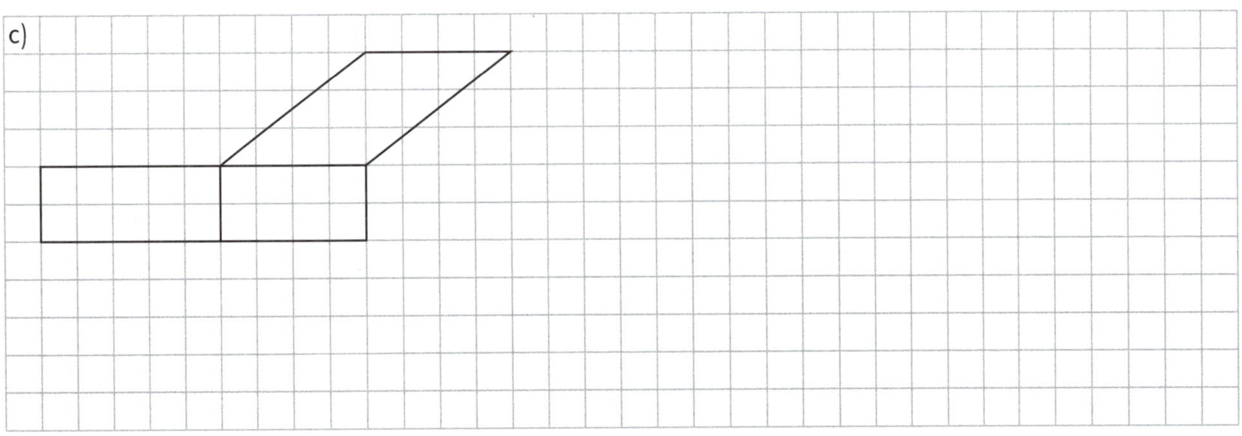

Netz und Schrägbild

1 Zeichne das Netz des abgebildeten Prismas. Entnimm die Maße der Zeichnung.

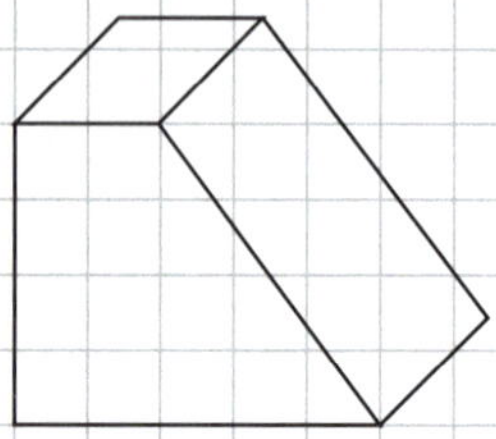

2 In der Abbildung siehst du das Netz eines Prismas. Zeichne ein Schrägbild dieses Prismas.

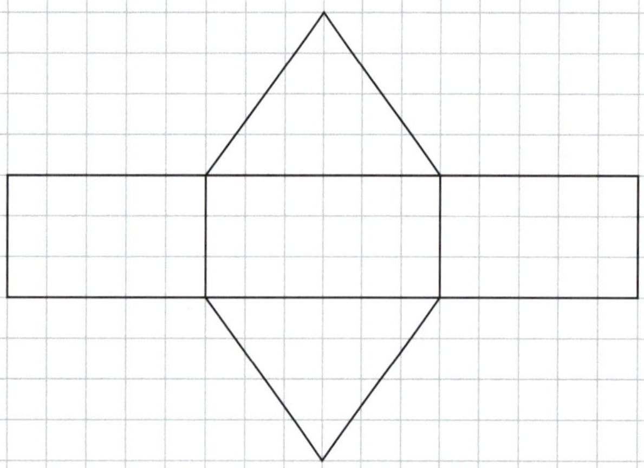

3 In der Abbildung siehst du das Netz eines Prismas. Zeichne ein Schrägbild dieses Prismas. Das Prisma soll dabei auf seiner Grundfläche stehen.

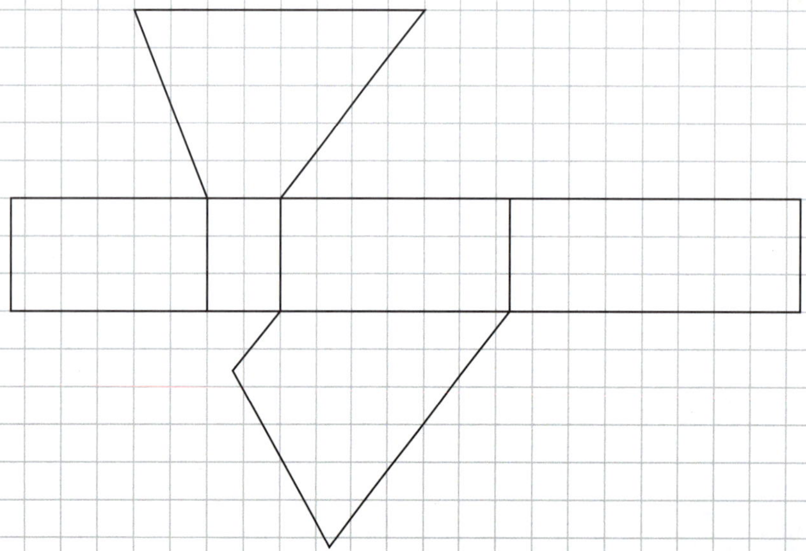

Oberflächeninhalt eines Prismas

Oberflächeninhalt eines Prismas

$O = 2 \cdot G + M$

1 In der Abbildung siehst du das Netz eines Prismas. Berechne den Inhalt der Grundfläche und den Flächeninhalt des Mantels. Gib danach den Oberflächeninhalt des Prismas an.

a) Maße in cm

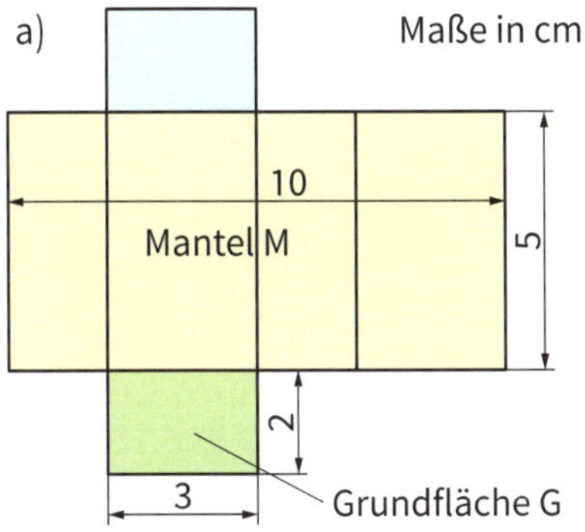

G = ______ M = ______ O = ______

b) Maße in cm

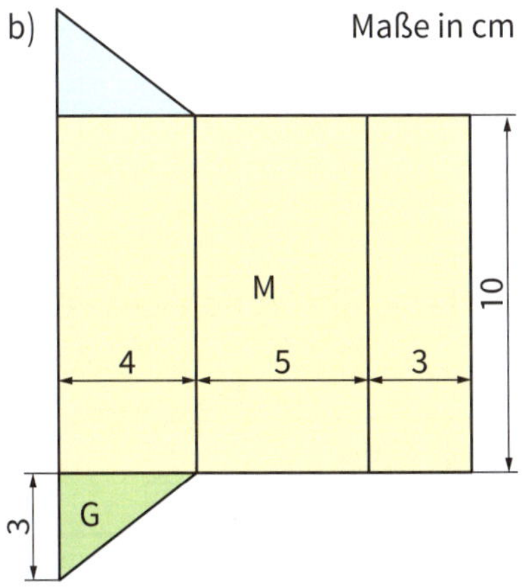

G = ______ M = ______ O = ______

c) Maße in cm

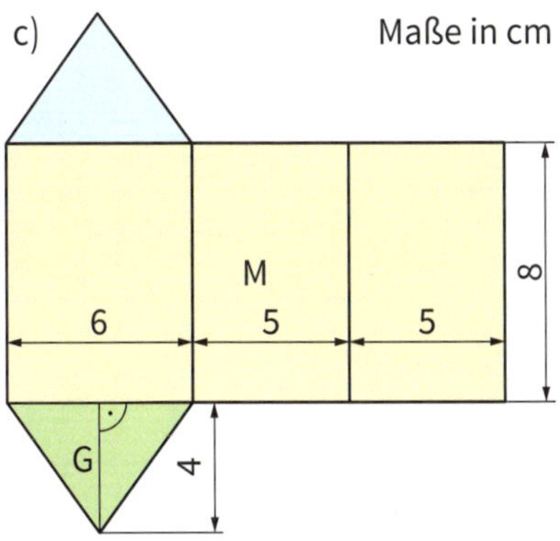

G = ______ M = ______ O = ______

2 Berechne den Oberflächeninhalt des Prismas, das zu dem abgebildeten Netz gehört.

Maße in cm

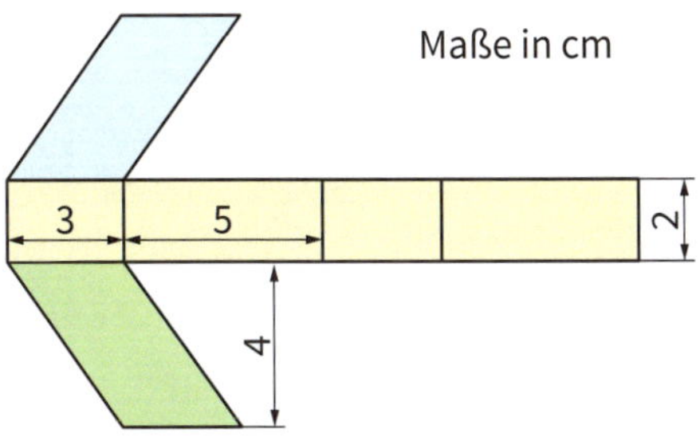

O = ______

Oberflächeninhalt eines Prismas

3 Berechne den Oberflächeninhalt des Prismas.

a)

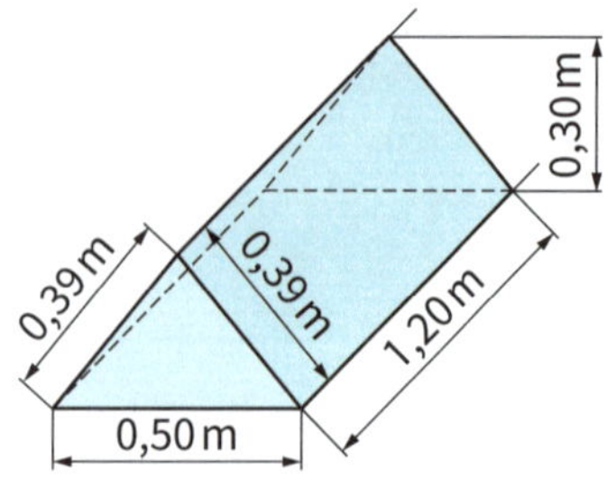

b)

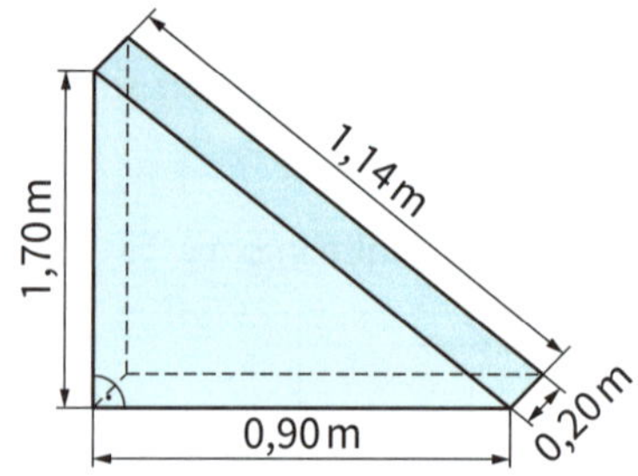

O = ______

O = ______

4 Berechne den Oberflächeninhalt des Prismas. Überlege vorher, welche Fläche die Grundfläche ist.

a)

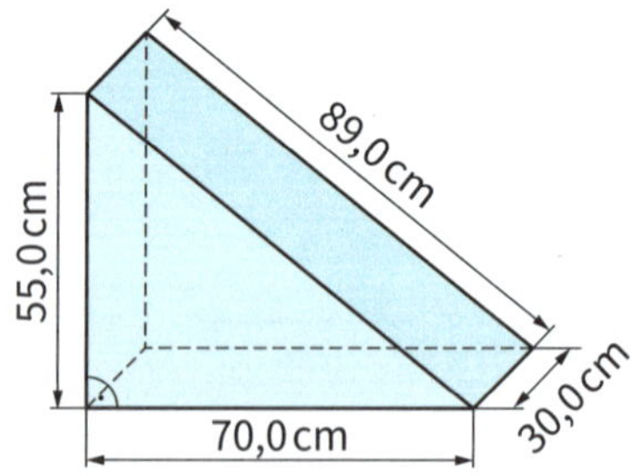

b)

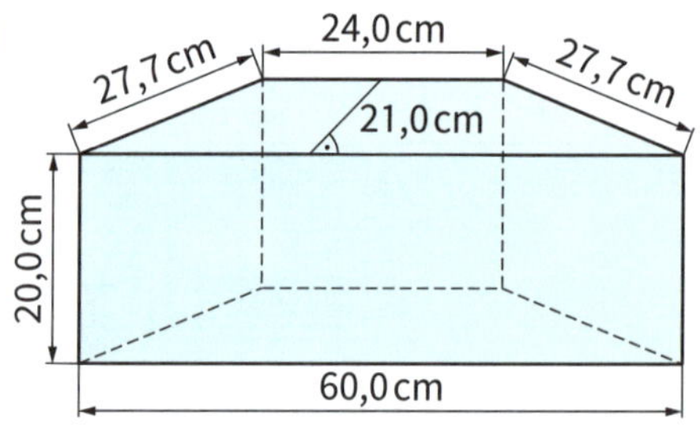

O = ______

O = ______

5 Ein Prisma hat die abgebildete Grundfläche. Die Körperhöhe beträgt 56,0 cm. Berechne den Oberflächeninhalt.

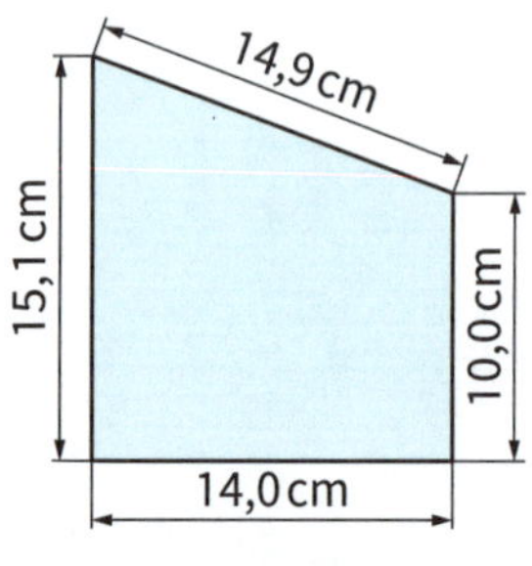

O = ______

Volumen eines Prismas

Volumen eines Prismas
$V = G \cdot h_k$

1 In der Abbildung siehst du zwei Prismen und ihre Grundflächen.

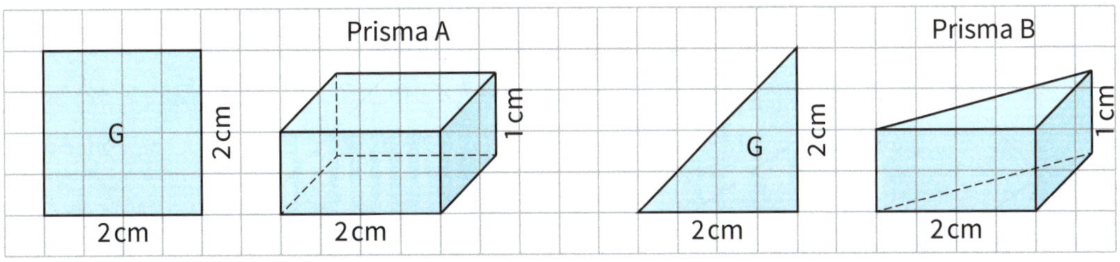

Berechne jeweils den Inhalt der Grundfläche und das Volumen.

G = ________ V = ________ G = ________ V = ________

2 Ein Prisma hat die abgebildete Grundfläche und eine Höhe h_k von 6 cm.
Berechne das Volumen. Entnimm die Maße der Zeichnung.

a)

b)
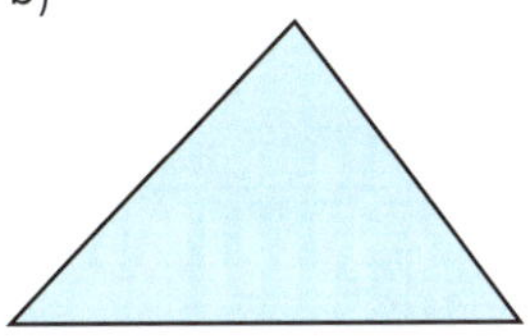

c)
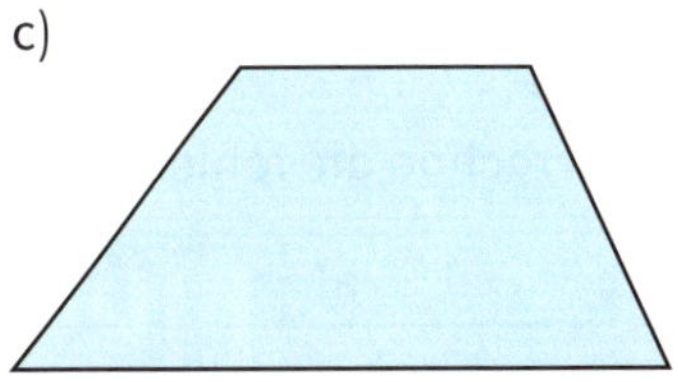

G = ________ V = ________ G = ________ V = ________ G = ________ V = ________

3 Berechne den Inhalt der Grundfläche und das Volumen des Prismas.

a)
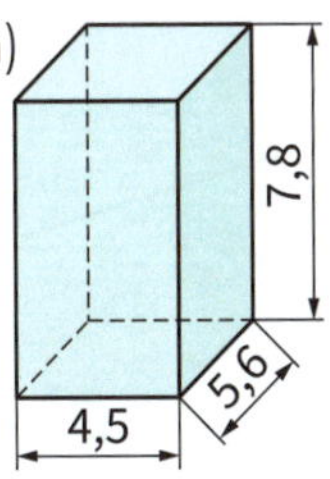

b)
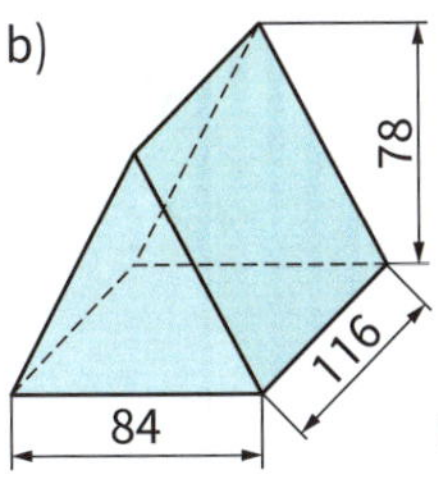

Maße in cm

c)
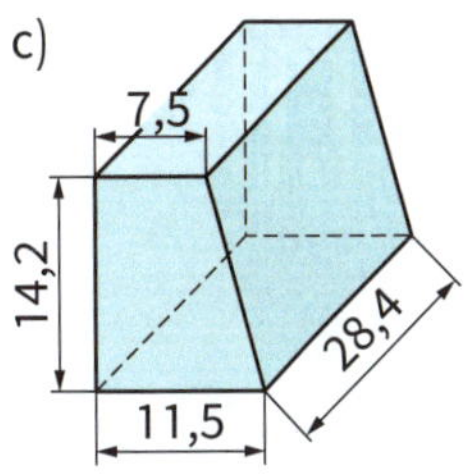

G = ________ V = ________ G = ________ V = ________ G = ________ V = ________

Volumen eines Prismas

4 Berechne das Volumen der abgebildeten Prismen. Entnimm die Maße der Zeichnung. Was fällt dir auf?

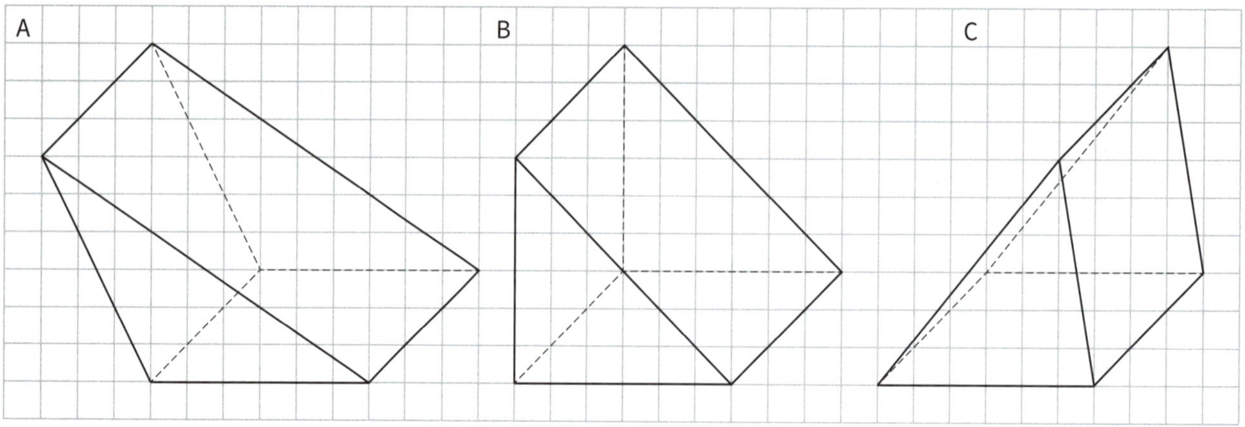

V = ____________ V = ____________ V = ____________

Erkläre deine Beobachtung. ____

____

5 Berechne die fehlenden Werte des Prismas.

	a)	b)	c)
h_k	12,3 cm		12,8 cm
G	30 cm²	16,2 cm²	
V		89,1 cm³	390,4 cm³

6 Berechne das Volumen des Prismas.

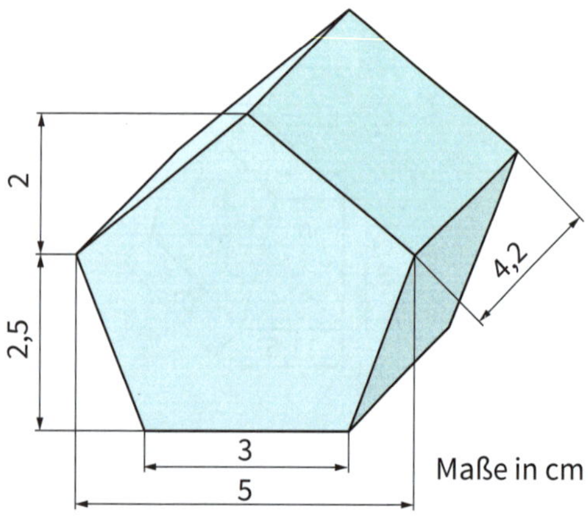

V = ____________

7 Ein Metallwürfel mit 4 cm Kantenlänge wird in das abgebildete Becken gelegt.

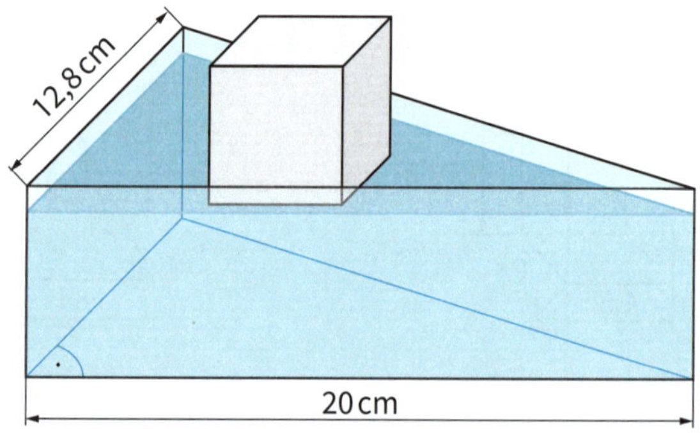

Um wie viel Millimeter steigt der Wasserstand?

Der Wasserstand steigt um ______ mm.

Sachaufgaben

1 Die drei gelben Außenwände der abgebildeten Garage sollen gestrichen und das Dach soll erneuert werden.

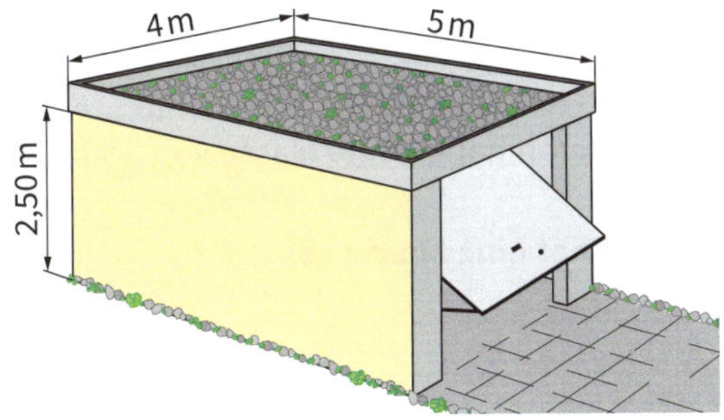

a) Für wie viel Quadratmeter muss der Maler Farbe einplanen?

Antwort: ______________________________

b) Das Dach soll eine 5 cm hohe Kiesschicht erhalten. Wie viel Kubikmeter Kies werden dafür benötigt?

Antwort: ______________________________

2 Eine Werbeagentur hat die abgebildete Verpackung entworfen. Die Grundfläche ist ein gleichseitiges Dreieck.

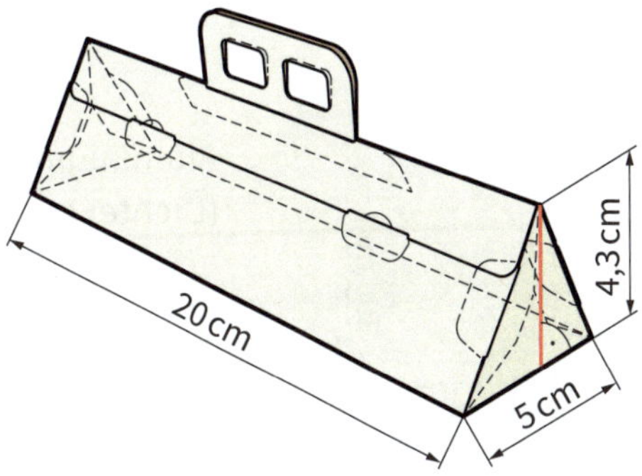

a) Berechne das Volumen der Verpackung.

Antwort: ______________________________

b) Wie viel Quadratzentimeter Pappe werden für eine Verpackung benötigt, wenn für Klebelaschen, Tragegriff und Verschnitt 25% Material hinzugerechnet wird?

Antwort: ______________________________

3 Ein 1,2 km langer Deichabschnitt hat die Form eines Prismas. Seine trapezförmige Grundfläche (Querschnitt des Deiches) hat die abgebildeten Maße. Wie viel Kubikmeter Erde wurden für diesen Deichabschnitt angefahren?

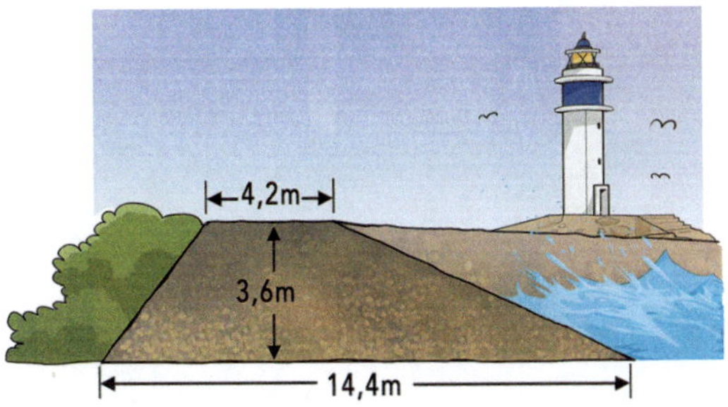

Antwort: ______________________________

Sachaufgaben

4 Die abgebildete Treppenstufe besteht aus Beton (Dichte: $\rho = 2{,}5\,\frac{g}{cm^3}$).
Bestimme die Masse des Körpers.

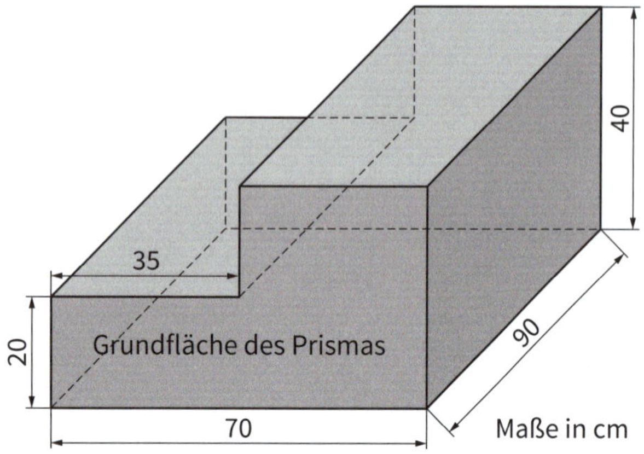

Dichte von Beton: $\rho = 2{,}5\,\frac{g}{cm^3}$

1 cm^3 Beton hat eine Masse von 2,5 g.
1 000 cm^3 Beton haben eine Masse von 2 500 g.
oder:
1 dm^3 Beton hat eine Masse von 2,5 kg.
1 000 dm^3 Beton haben eine Masse von 2 500 kg.
oder:
1 m^3 Beton hat eine Masse von 2,5 t.

Antwort: ______________________________

5 Die Abbildung zeigt den Querschnitt eines Aluminiumträgers. Berechne die Masse des Aluminiumträgers. Achte auf die Einheiten.

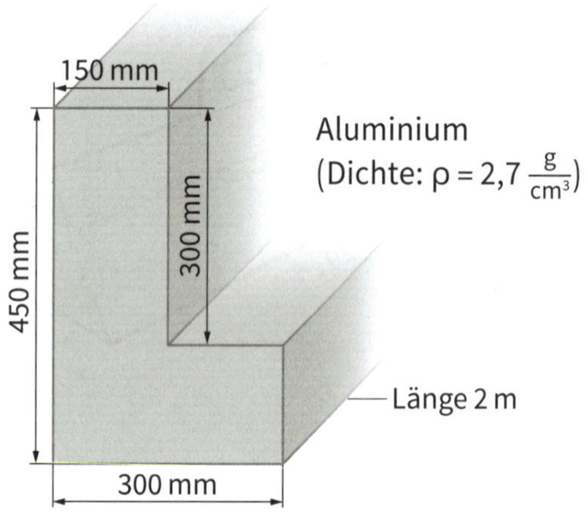

Antwort: ______________________________

6 Die Abbildung zeigt den Querschnitt eines Stahlstabes. Berechne die Masse in kg für einen 1,20 m langen Stab. (Dichte von Stahl: $\rho = 7{,}8\,\frac{g}{cm^3}$).

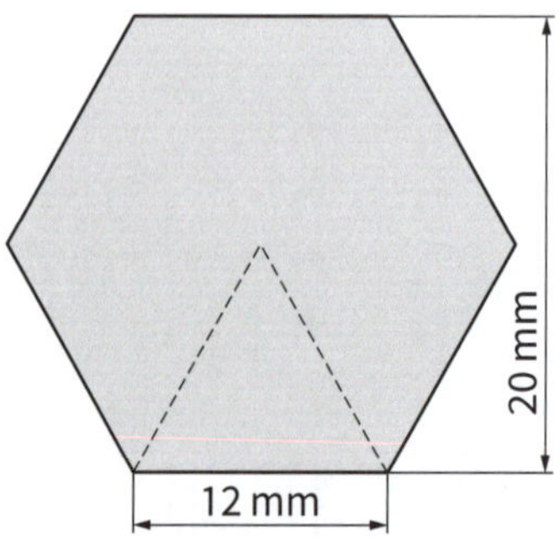

Antwort: ______________________________

Oberflächeninhalt und Volumen schätzen

1 Finyas Vater möchte vier Holzboxen für Spielsachen bauen. Wie viel Quadratmeter Holz muss er ungefähr einplanen?

Antwort: ______________________________

____

2 Schätze, wie viel Quadratmeter Glas für den Bau des Aquariums benötigt wurden.

Antwort: ______________________________

____

3 Schätze, wie viel Kubikmeter Sand im Sandkasten sind, wenn die Sandschicht 20 cm hoch ist.

Antwort: ______________________________

____

4 Schätze das Volumen der Box. Gib das Ergebnis in Liter an.

Antwort: ______________________________

____

AUSGANGSTEST 6 – Prismen

1 Zeichne das Schrägbild des Prismas mit der abgebildeten Grundfläche. Das Prisma soll dabei auf einer Seitenfläche liegen. Die Körperhöhe h_k ist angegeben.

a)

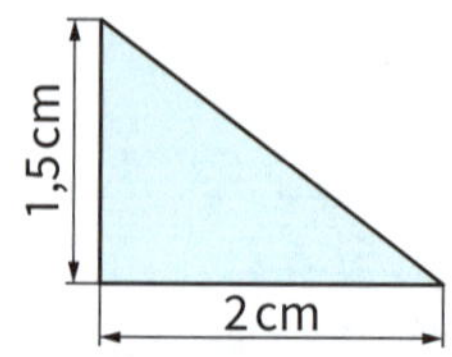

$h_k = 4{,}2\,cm$

b)

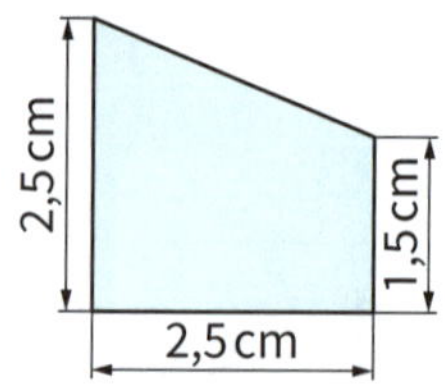

$h_k = 2{,}8\,cm$

2 Ein Prisma hat die abgebildete Grundfläche G und die Körperhöhe $h_k = 1{,}5\,cm$. Zeichne ein Netz des Prismas. Entnimm die Maße der Zeichnung.

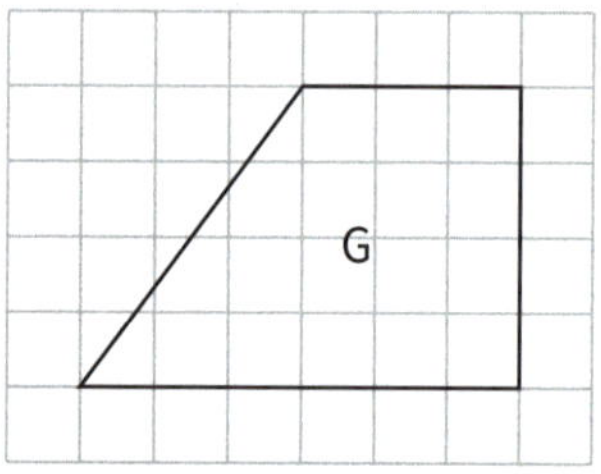

3 Berechne das Volumen und den Oberflächeninhalt des Prismas.

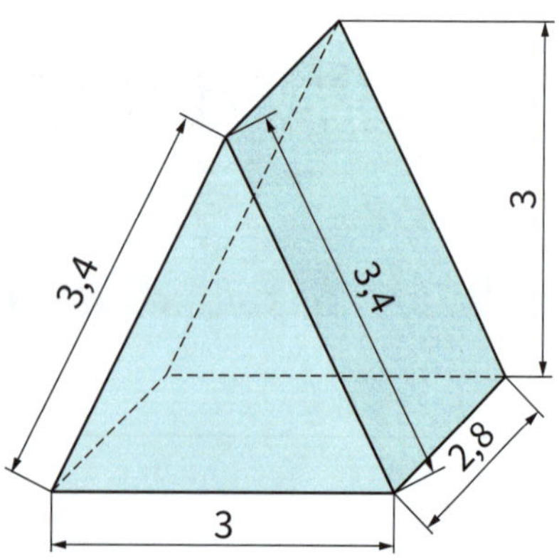

Maße in cm

AUSGANGSTEST 6 – Prismen

4 Ein Gartenteich hat als Grundfläche ein gleichseitiges Dreieck.

a) Wie viel Liter Wasser können eingefüllt werden, wenn vom Wasserspiegel bis zur oberen Kante 5 cm frei bleiben sollen?

b) Der Behälter soll aus Edelstahlblech angefertigt werden. Berechne den Materialbedarf in Quadratmeter. Rechne für Verschnitt 20 % hinzu.

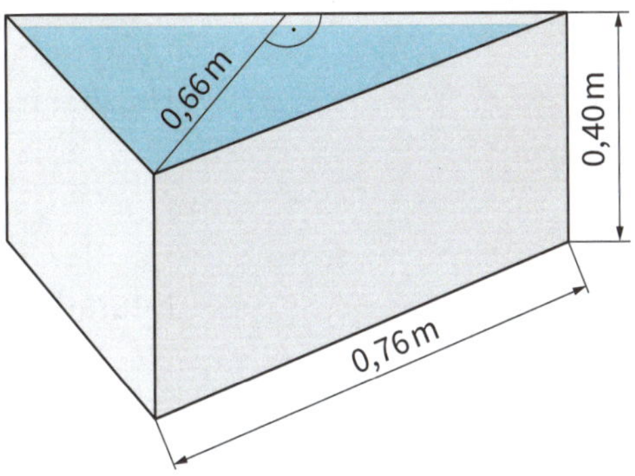

Antwort: ______

5 Ein Kubikzentimeter Silber wiegt 10,5 g. Ein Gramm Silber kostet aktuell 0,68 €.
Berechne den Wert des abgebildeten Barrens.

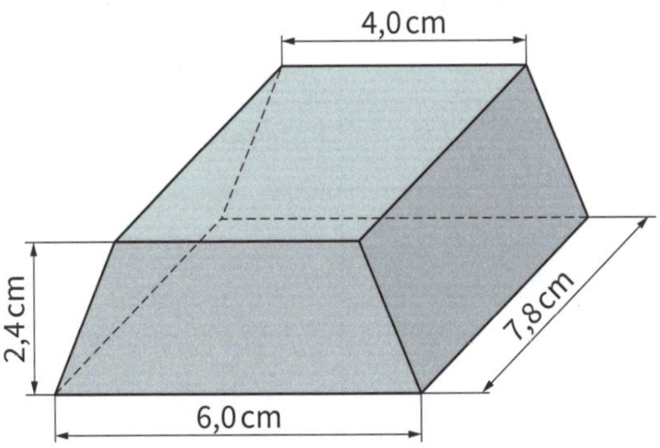

Antwort: ______

6 Carlas Vater möchte ein Spielhaus aus Holz bauen. Carlas Körpergröße beträgt 1,20 m. Wie viel Quadratmeter Holz muss er ungefähr einplanen, wenn das Haus auch einen Fußboden bekommen soll?

Antwort: ______

Lineare Zuordnungen

Zuordnungen darstellen

1 Die Schülerinnen und Schüler einer Gesamtschule kommen aus verschiedenen Orten. Mila, Pia, Hilal und Elias kommen aus Baumberg, Anna, Noah und Abdul aus Holzheim, Jonas, Ben und Leon aus Neurath und Hanna und Clara aus Obertal.

Die Zuordnung „Name → Wohnort“ soll durch ein Pfeildiagramm dargestellt werden.

Ordne jeder Schülerin und jedem Schüler den Wohnort zu. Vervollständige dazu das Pfeildiagramm.

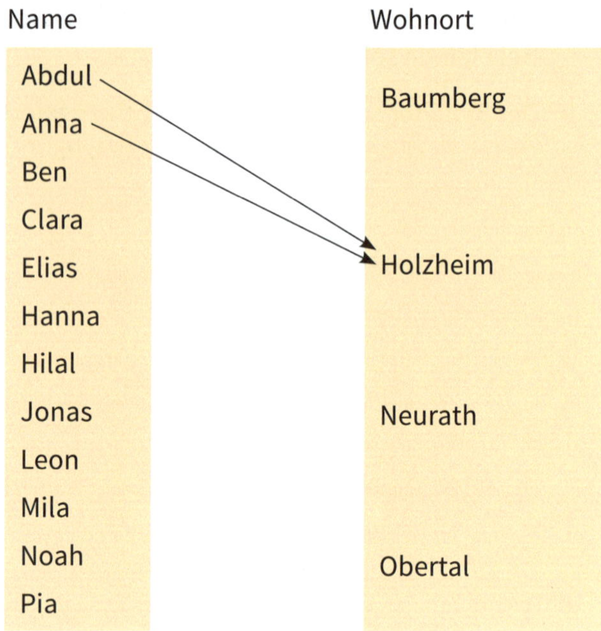

2 Im Pfeildiagramm ist jeder Schülerin und jedem Schüler das Verkehrsmittel zugeordnet, mit dem der Schulweg zurückgelegt wird.
Übertrage die im Pfeildiagramm dargestellte Zuordnung „Name → Verkehrsmittel“ in eine Tabelle.

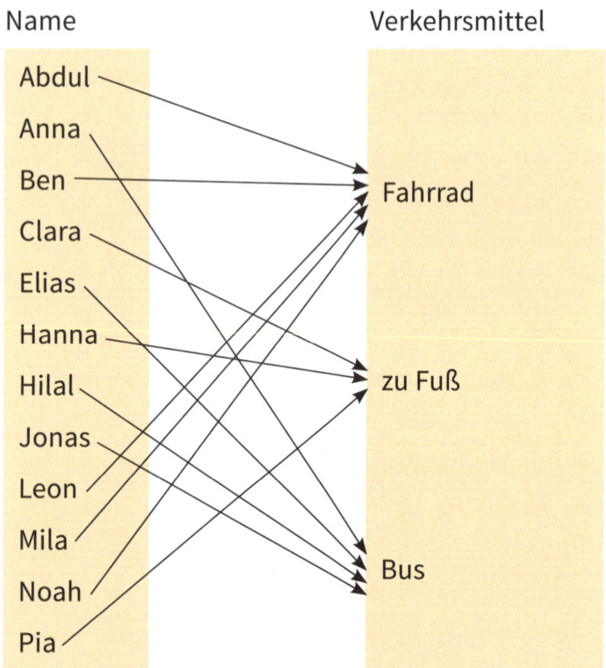

Name	Verkehrsmittel
Abdul	Fahrrad

3 Im Fach Mathematik hat Leon die Note *sehr gut*, Hanna, Mila, Noah und Pia haben die Note *gut*, Anna, Clara, Jonas und Hilal die Note *befriedigend* und Ben, Elias und Abdul die Note *ausreichend*. Stelle die Zuordnung „Note → absolute Häufigkeit der Note“ in einer Tabelle dar.

Note	1	2	3	4
absolute Häufigkeit				

Zuordnungen darstellen

4 Im Untersuchungsheft für Kinder wird bei jeder Untersuchung dem Lebensalter die Körpergröße zugeordnet:
„Lebensalter (Monate) → Körpergröße (cm)“.
Diese Zuordnung ist eine Funktion, weil jedem Lebensalter nur eine Körpergröße zugeordnet wird. Um die Entwicklung des Kindes verfolgen zu können, werden die Zahlenpaare in ein Koordinatensystem eingetragen.
Trage die Zahlenpaare in die Wertetabelle ein.

Lebensalter (Monate)	Körpergröße (cm)
0	
6	66

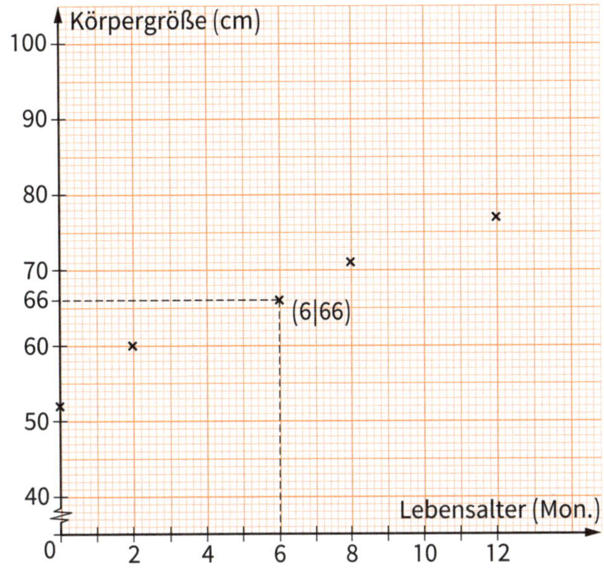

5 Bei jeder Untersuchung wird dem Lebensalter auch das Körpergewicht zugeordnet:
„Lebensalter (Monate) → Körpergewicht (g)“.
Auch diese Zuordnung ist eine Funktion.
Trage die Zahlenpaare aus der Wertetabelle in das Koordinatensystem ein.

Lebensalter (Monate)	Körpergewicht (g)
0	3600
2	4200
4	6800
6	7600
8	8400
12	9200

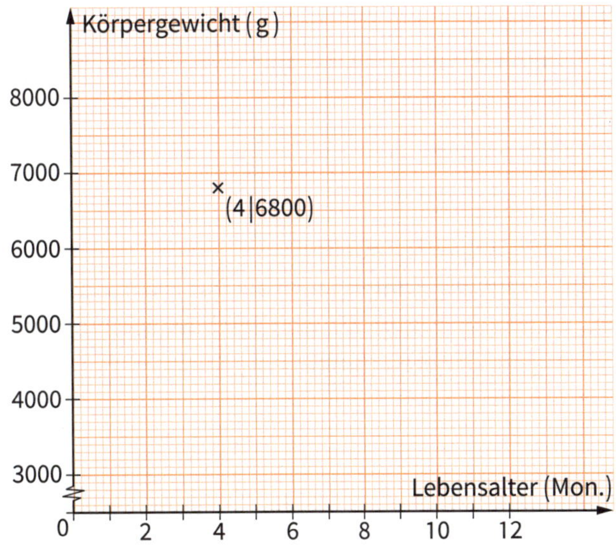

6 Die Temperaturkurve ist vom Temperaturschreiber einer Wetterstation aufgezeichnet worden.
Die Zuordnung „Uhrzeit → Temperatur (°C)“ ist eine Funktion.

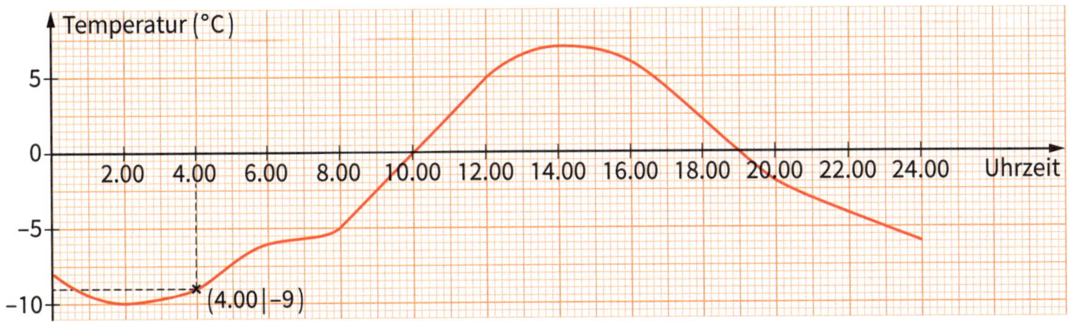

a) Vervollständige die Tabelle. Lies dazu die fehlenden Werte aus der Temperaturkurve ab.

Uhrzeit	0.00	2.00	4.00	6.00	8.00	10.00	12.00	14.00	16.00	18.00	20.00	22.00	24.00
Temp. (°C)			–9										

b) Wann betrug die Temperatur –5 °C (9 °C)? Antwort: ____________________

Zuordnungen darstellen

7 Zum Zeichnen einer Temperaturkurve hat Leon in Abständen von zwei Stunden jeweils die Temperatur gemessen und in eine Tabelle eingetragen. Trage die Zahlenpaare als Punkte in das Koordinatensystem ein und zeichne durch die eingezeichneten Punkte eine Temperaturkurve.

Uhrzeit	4.00	6.00	8.00	10.00	12.00	14.00	16.00	18.00	20.00	22.00	24.00
Temp. (°C)	−7	−6	−5	4	8	12	10	0	−2	−4	−6

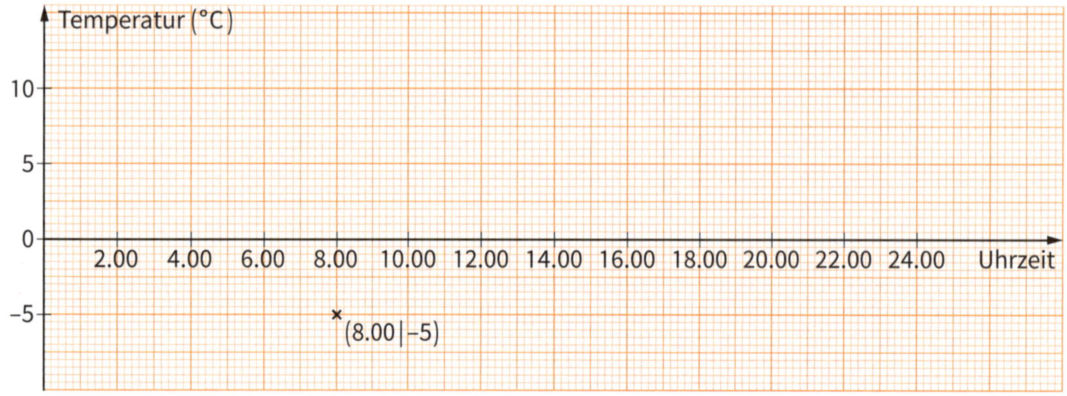

8 In jeder Spalte der Tabelle sollen die Seitenlängen eines Rechtecks mit dem Flächeninhalt von 36 cm² stehen.

Seitenlänge a (cm)	2	3	4	6	9	12
Seitenlänge b (cm)	18	12	9			

a) Ergänze die Tabelle.

b) Trage die Zahlenpaare als Punkte in das Koordinatensystem ein und zeichne durch die eingezeichneten Punkte eine Kurve.

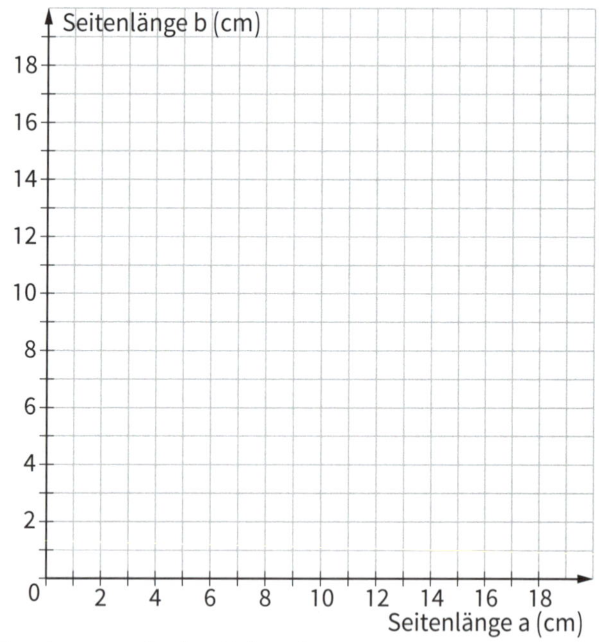

9 In der Abbildung siehst du das Streckenprofil eines Wanderwegs in der Schweiz.

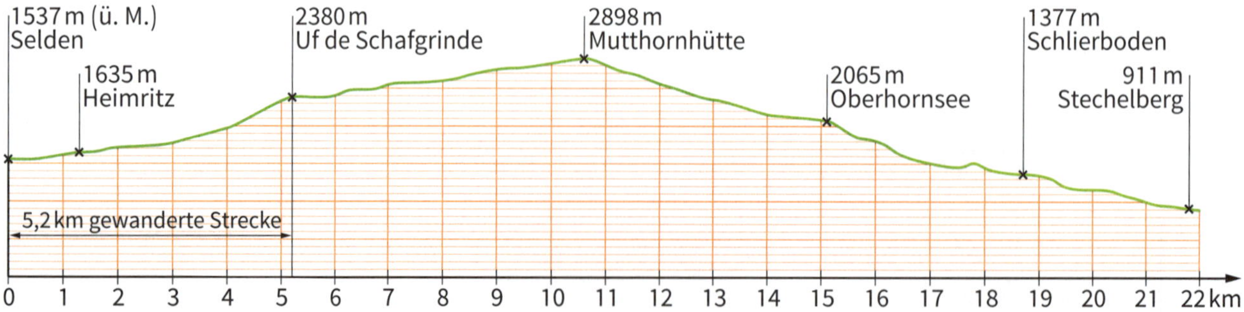

a) Wie viel Kilometer muss ein Wanderer von Selden bis zum höchsten Punkt zurücklegen? Wie viel Höhenmeter muss er dabei überwinden?

Antwort: ______________________

b) Wie weit ist es von der Mutthornhütte bis zum Stechelberg? Wie groß ist der Höhenunterschied?

Antwort: ______________________

Funktionen als eindeutige Zuordnungen

1 Ist die hier dargestellte Zuordnung eine Funktion? Begründe deine Antwort.

> Funktionen sind eindeutige Zuordnungen. Jedem Element der Definitionsmenge **D** wird genau ein Element der Wertemenge **W** zugeordnet.

a) Name → Lieblingssportart

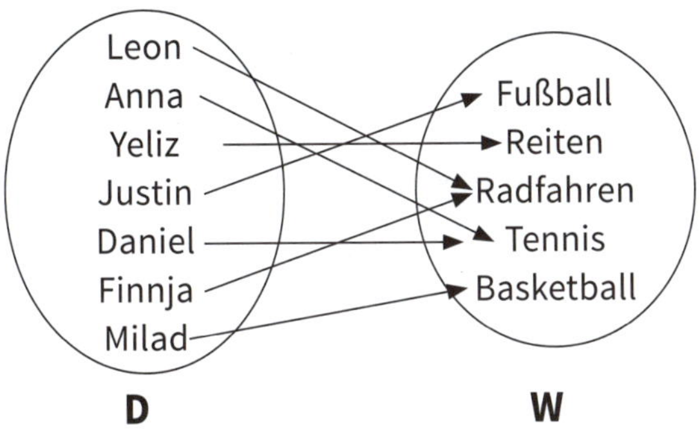

____

____

b) Lehrer → Unterrichtsfächer

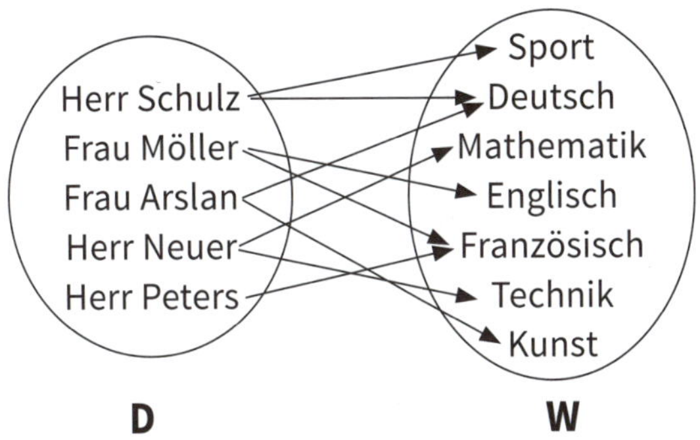

____

____

c) Gewinn → Losnummer

Gewinn (€)	Losnummer
500	475
100	235, 451
50	123, 607, 108, 477, 099, 315

____

____

d) Masse eines Briefes → Gebühr

Masse (g)	Gebühr (€)
20	0,85
40	1,00
75	1,60
600	2,75
180	1,60

____

____

2 Sabrina spielt Querflöte und Klavier, Vadim Schlagzeug, Sophia Saxophon und Jakob Gitarre und Klavier. Patricia bläst Trompete, Linus spielt Klavier, Victoria Gitarre und Dilan Klavier.

a) Stelle die Zuordnung „Vorname → Instrument“ in einem Pfeildiagramm dar.

b) Ist die Zuordnung „Vorname → Instrument“ eine Funktion? Begründe deine Antwort.

____

Proportionale Zuordnungen

1 Das abgebildete Gefäß wird mit Wasser gefüllt. Durch einen konstanten Wasserzufluss erhöht sich der Wasserstand pro Minute um 1,5 cm.

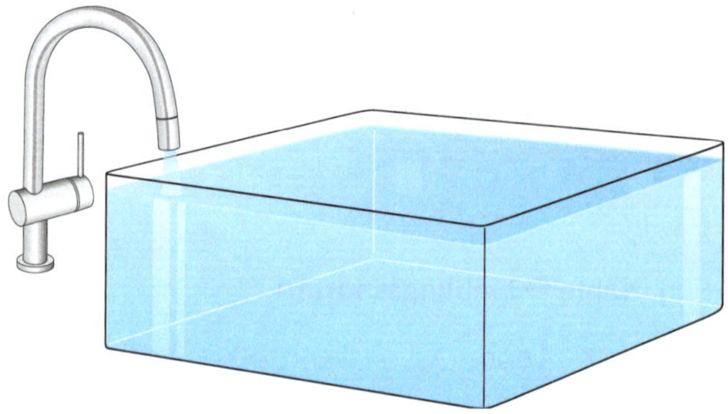

a) Berechne zu den angegebenen Zulaufzeiten den Wasserstand im Becken. Trage die Werte in die Tabelle ein.

Zulaufzeit (min)	0	1	2	3	4	5	7
Wasserstand (cm)	0						

b) Trage die Zahlenpaare als Punkte in das Koordinatensystem ein und verbinde sie.

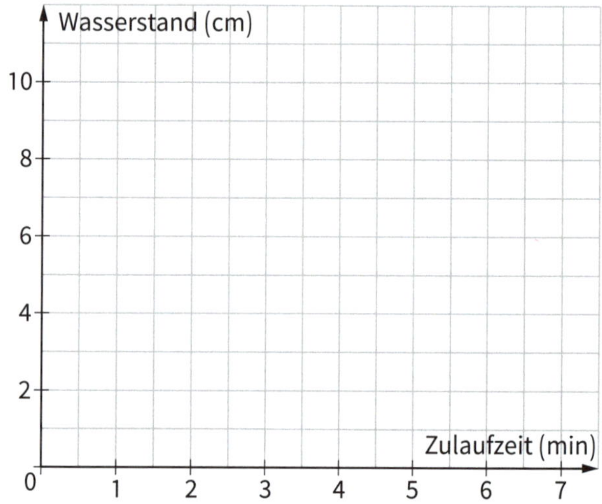

c) Warum ist ein Verbinden der Punkte sinnvoll? Begründe.

____

____

d) Wenn du die in das Koordinatensystem eingetragenen Punkte verbindest, erhältst du den Graphen der Funktion „Zulaufzeit (x) → Wasserstand (y)“. Gib die Funktionsgleichung an.

y = ______________

2 Herr Vogt fährt mit seinem E-Bike eine längere Strecke mit einer Durchschnittsgeschwindigkeit von 18 $\frac{km}{h}$, Frau Fritsch fährt die gleiche Strecke mit ihrem Mofa und einer Durchschnittsgeschwindigkeit von 25 $\frac{km}{h}$, Torben schafft mit seinem Rad durchschnittlich 12 $\frac{km}{h}$.

a) Die Zuordnung „Zeit (h) → Strecke (km)“ ist eine lineare Funktion. Zeichne die Graphen für die Fahrt von Herrn Vogt und die Fahrt von Torben in das Koordinatensystem.

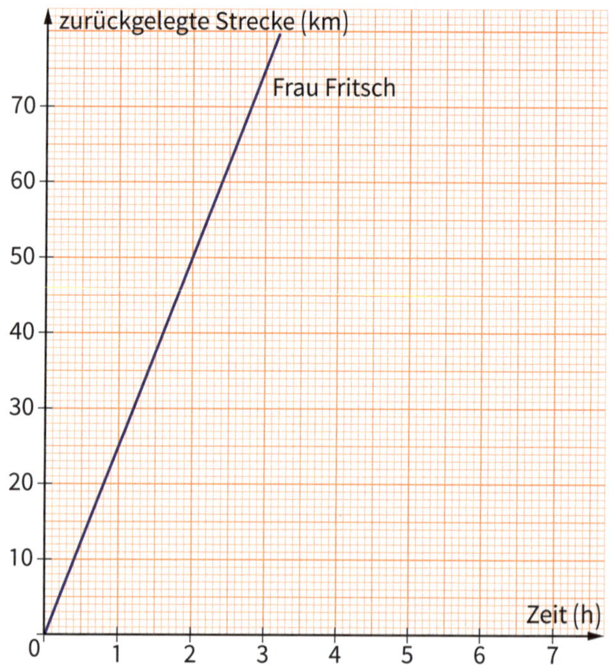

b) Gib jeweils die Funktionsgleichungen an.

Frau Fritsch: y = 25 x

Herr Vogt: ______________ Torben: ______________

c) Was gibt die Steigung jeweils an?

Antwort: ______________________________

3 In der Obst- und Gemüseabteilung im Supermarkt kostet die 500-g-Schale Tomaten 2,49 €, das 1,5-kg-Netz Paprika 5,70 € und der 2,5-kg-Beutel Birnen 7,45 €. Gib die Funktionsgleichungen der Funktionen an, die jeweils der Masse x (in kg) den Preis y (in €) zuordnen.

Tomaten: y = ______________

Paprika: y = ______________

Birnen: y = ______________

Lineare Zuordnungen

1 Ein Becken wird durch einen konstanten Wasserzulauf mit Wasser gefüllt. Der Wasserstand steigt um 3 cm pro Minute. Das Becken ist zu Beginn des Füllvorgangs bereits zum Teil gefüllt, der Wasserstand beträgt 15 cm.

a) Vervollständige die Wertetabelle der Funktion „Zulaufzeit (min) → Wasserstand (cm)“.

Zulaufzeit (min)	0	5	10	15	20	25
Wasserstand (cm)	15					

b) Zeichne den Graphen der Funktion in das Koordinatensystem.

c) Gib die Funktionsgleichung an.

y = ____________

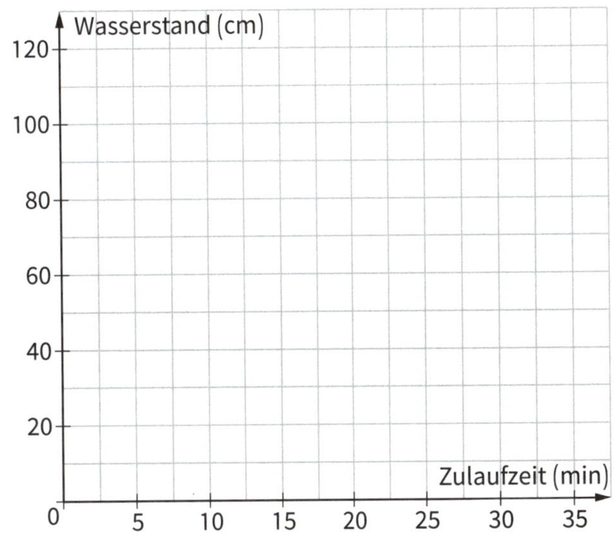

2 Füllvorgänge, bei denen der Wasserstand konstant ansteigt, können mithilfe linearer Funktionen beschrieben werden. Gib zu dem beschriebenen Füllvorgang die Funktionsgleichung an.

	Wasserstand zu Beginn	Anstieg des Wasserstandes	Funktionsgleichung
a)	20 cm	13 cm in einer Minute	
b)	0 cm	28 cm in einer Minute	
c)	12 cm	36 cm in vier Minuten	

3 Einer der abgebildeten Öllagertanks fasst insgesamt 3 000 m^3 Rohöl. Er ist bereits mit 1 200 m^3 Öl gefüllt. Pro Stunde werden weitere 200 m^3 in den Tank gefüllt.
Gib die Gleichung der Funktion „Zeit (h) → Ölmenge im Tank (m^3)“ an.

y = ____________

4 Ein Aquarium hat die Form eines Quaders. Der Flächeninhalt der Grundfläche beträgt 4 000 cm^2. Pro Minute fließen 10 *l* Wasser in das Aquarium. (10 *l* = 10 000 cm^3)

a) Weise durch eine Rechnung nach, dass der Wasserstand pro Minute um 2,5 cm steigt.

$V = G \cdot h$

b) Der Wasserstand zu Beginn des Füllvorgangs beträgt 0 cm (35 cm). Gib jeweils die zugehörige Funktionsgleichung an.

y = ____________ (y = ____________)

c) Zeichne die Graphen in das Koordinatensystem.

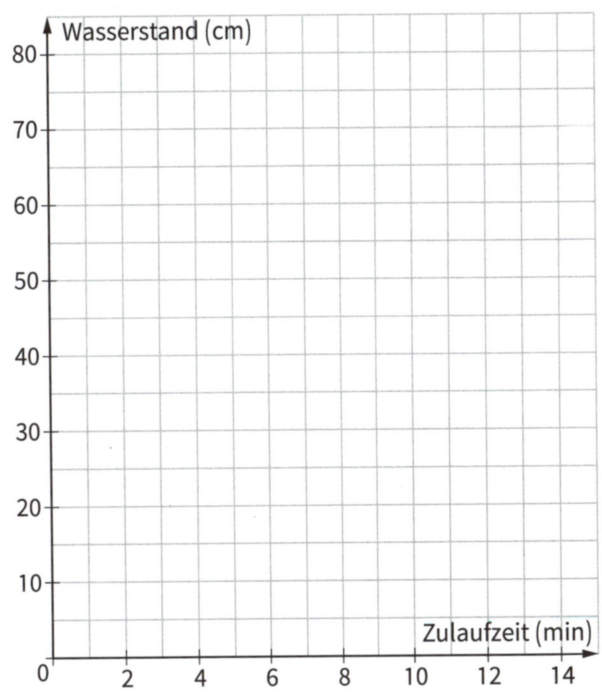

Lineare Zuordnungen

5 Die abgebildete Kerze ist 11 cm lang. In einer Stunde brennt die Kerze 2 cm herunter.

a) Vervollständige die Wertetabelle der Funktion „Brenndauer (h) → Höhe der Kerze (cm)“.

Brenndauer (h)	0	1	2	3	4
Höhe (cm)	11				

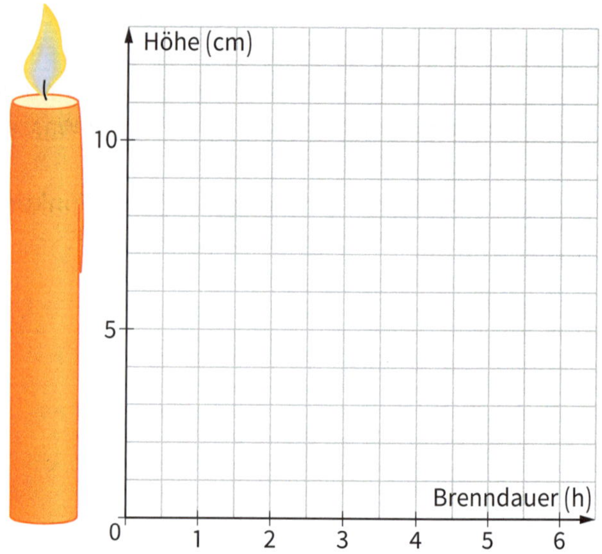

b) Zeichne den Graphen der Funktion in das Koordinatensystem. Begründe, warum ein Verbinden der Punkte sinnvoll ist.

____

____

____

c) Gib die Funktionsgleichung der Funktion an, die der Brenndauer x die Höhe y zuordnet.

y = __________

d) Nach wie vielen Stunden ist die Kerze abgebrannt?

Antwort: ____________________

6 Im Tank eines Airbus 320 befinden sich 11 t Kerosin, er verbraucht auf 1 000 km ungefähr 2 600 kg. Der Airbus startet zu einem Flug über 4 000 km.

a) Stelle die Gleichung der Funktion auf, die der zurückgelegten Strecke x den Tankinhalt y zuordnet.

y = __________

b) Zeichne den Graphen der Funktion.

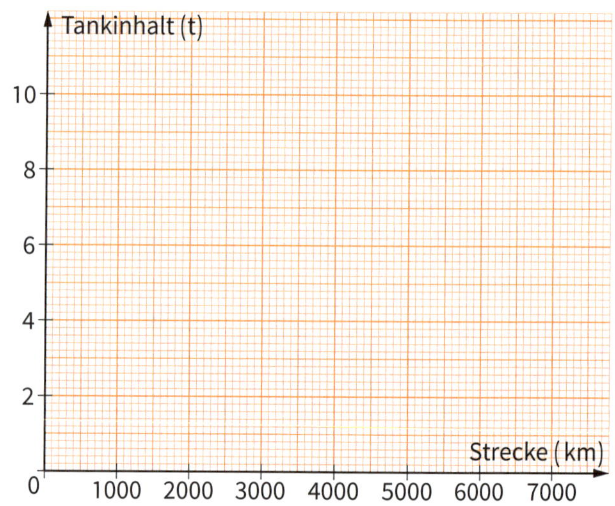

7 Ein Futtersilo ist mit 30 t Schweinefutter gefüllt. Pro Tag werden davon 2,5 t zur Fütterung der Schweine verbraucht.

a) Gib die Gleichung der Funktion „Zeit (d) → Futtermenge im Silo (t)“ an.

y = __________

b) Zeichne den Graphen der Funktion in das Koordinatensystem.

c) Wenn noch 5 t Futter im Silo sind, muss neues Futter bestellt werden. Nach wie vielen Tagen wird nachbestellt?

Antwort: ____________________

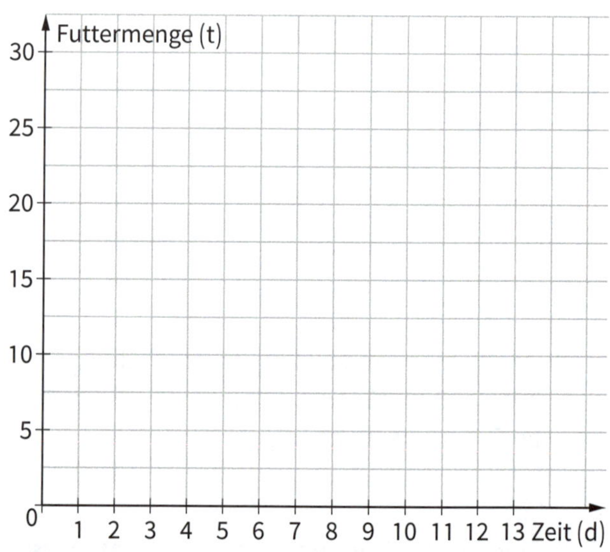

Lineare Zuordnungen

8 Im Koordinatensystem siehst du die Graphen der Funktionen, die dem Volumen x eines Körpers die Masse y zuordnen.

a) Vergleiche beide Funktionsgraphen miteinander. Was stellst du fest?

Antwort: ____________________

____

b) Bestimme die Steigung beider Geraden.

Titan: m = ____ Granit: m = ____

Was gibt die Steigung an?

Antwort: ____________________

c) Ein Kubikzentimeter Quarzglas hat eine Masse von 2,2 g, ein Kubikzentimeter Eichenholz wiegt 0,8 g. Zeichne für beide Stoffe den Graphen der Funktion „Volumen (cm^3) → Masse (g)“ in das Koordinatensystem. Gib jeweils die Funktionsgleichung an.

Quarzglas: y = ____________

Eichenholz: y = ____________

Titanschraube

Granit

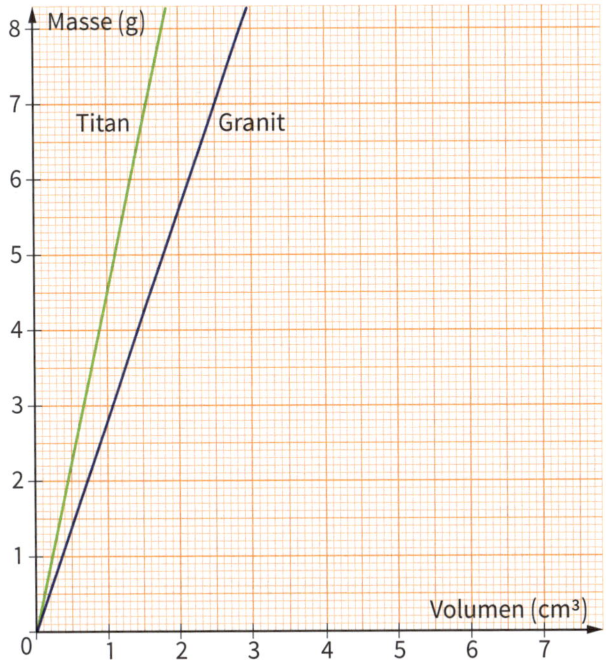

9 Moritz spart auf einen Motorroller. Er hat bereits 500 € angespart. Da er Zeitungen austrägt, kann er pro Monat weitere 80 € sparen.

1 060 €

a) Gib die Gleichung der Funktion „Zeit (Monate) → Ersparnis (€)“ an.

y = ____________

b) Zeichne den Graphen der Funktion in das Koordinatensystem.

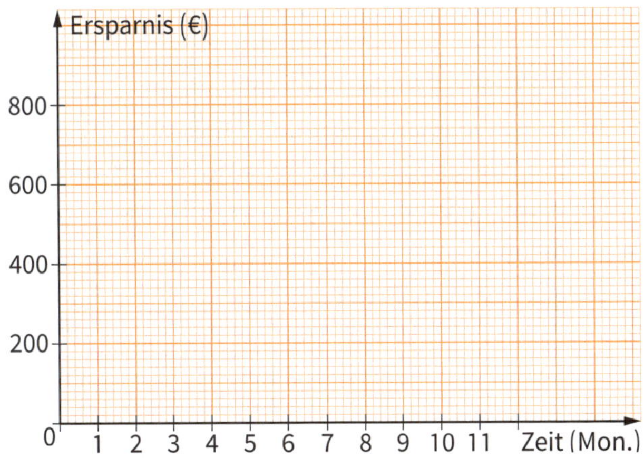

c) Nach wie vielen Monaten kann Moritz den Roller kaufen?

Antwort: ____________________

10 Im Koordinatensystem wird der Graph der Funktion „Brenndauer (h) → Höhe der Kerze (cm)“ dargestellt. Bestimme anhand des Graphen

a) die Höhe der Kerze zu Beginn: ____________

b) die Abnahme der Höhe pro Stunde: ____________

c) die Funktionsgleichung: ____________

d) die gesamte Brenndauer: ____________

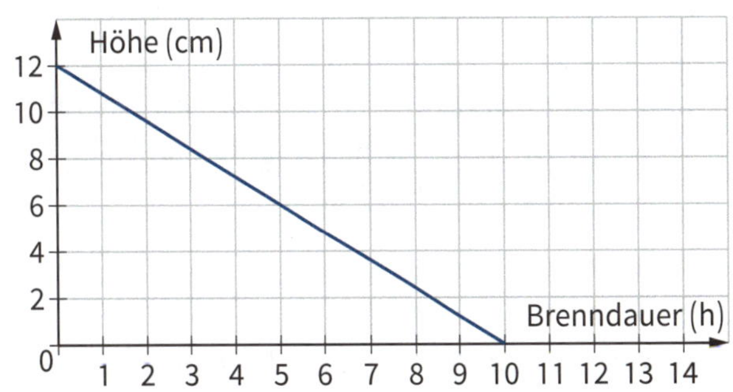

Lineare Zuordnungen

11 In das abgebildete Wasserbecken fließen pro Minute 1 200 *l* Wasser.

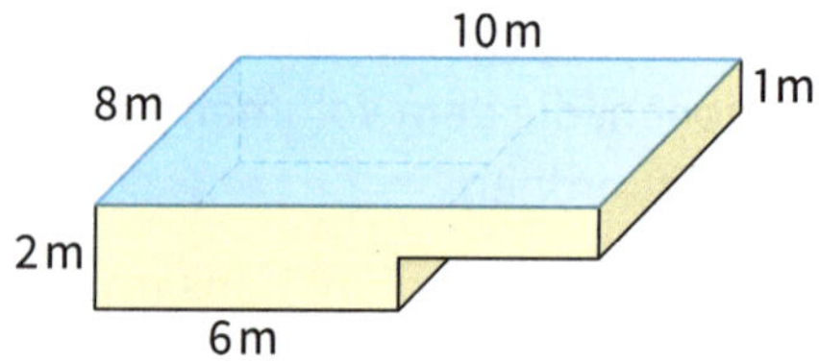

a) Beschreibe den Verlauf des Graphen.

____

____

____

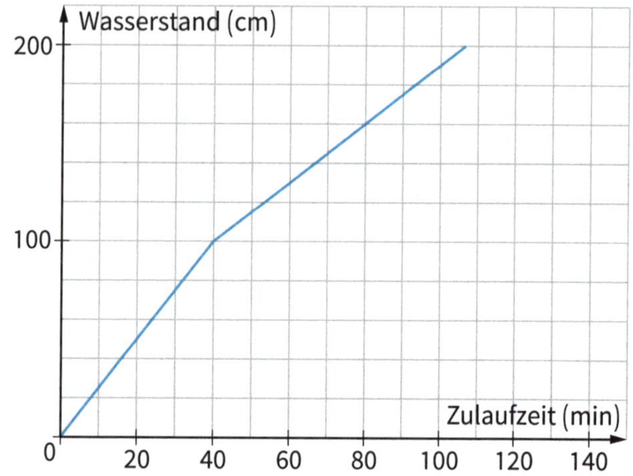

b) Gib die unterschiedlichen Anstiege des Wasserstandes an.

Anstieg bis zur 40. Minute: __________

Anstieg ab der 40. Minute: __________

12 Eine dünne Kerze ist 14 cm hoch. Sie brennt pro Stunde 2 cm ab. Eine dickere Kerze ist 8 cm hoch. Sie brennt pro Stunde 1 cm ab.

a) Bestimme für jede Kerze die Funktionsgleichung, die der Brenndauer x die Höhe y zuordnet.

dünne Kerze: y = __________

dicke Kerze: y = __________

b) Nach welcher Brenndauer haben beide Kerzen die gleiche Höhe? Wie hoch sind sie dann beide? Löse die Aufgabe mithilfe der Funktionsgraphen.

Antwort: ______________________________

____

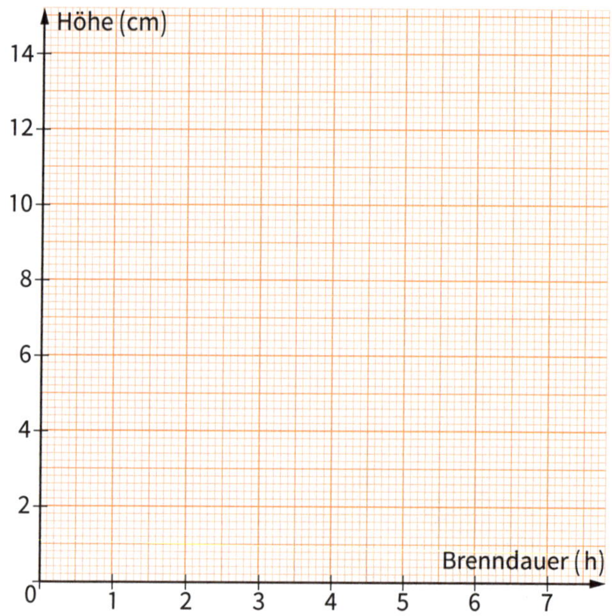

13 Familie Dengel kann bei der Versorgung mit elektrischer Energie zwischen zwei Angeboten wählen.

Tarif A:	30 Cent pro kWh
	140 € pro Jahr Grundgebühr
Tarif B:	25 Cent pro kWh
	200 € pro Jahr Grundgebühr

a) Ihr Jahresverbrauch betrug im letzten Jahr 3 000 kWh. Für welches Angebot soll sich Familie Dengel entscheiden?

Antwort: ______________________________

b) Gib die zugehörigen Funktionsgleichungen an.

Tarif A y = __________

Tarif B y = __________

AUSGANGSTEST 7 – Lineare Zuordnungen

1 a) Trage die Zahlenpaare als Punkte in das Koordinatensystem ein. Zeichne durch die eingezeichneten Punkte eine Temperaturkurve.

Uhrzeit	4.00	6.00	8.00	10.00	12.00	14.00	16.00	18.00	20.00	22.00	24.00
Temp. (°C)	−3	−2	0	3	5	6	6	4	2	−1	−3

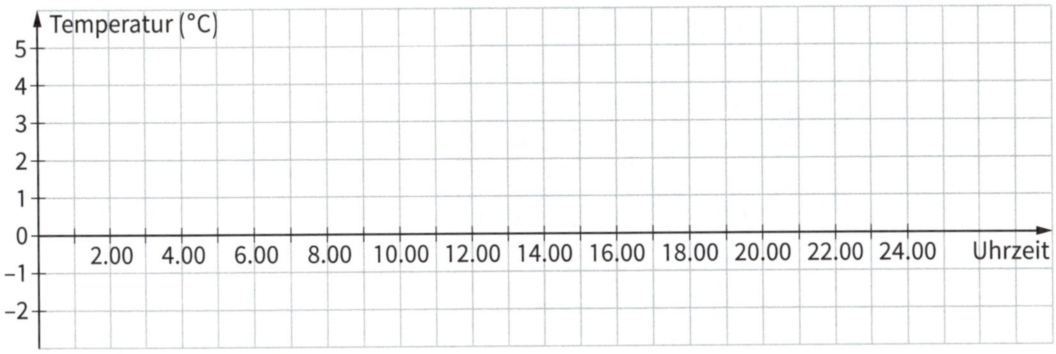

b) Wann beträgt in deiner Temperaturkurve die Temperatur 4 °C, wann −2 °C?

Antwort: ______

2 Für eine 120 km lange Strecke benötigt Herr Celik auf der Autobahn eine Zeit von 90 min. Wie viele Minuten benötigt er bei gleicher Durchschnittsgeschwindigkeit für eine 140 km lange Strecke?

Antwort: ______

3 Um auf einer 150 m² großen Fläche Rasen zu säen, hat Frau Kern 3,75 kg Rasensamen verwendet. Wie viel Kilogramm Rasensamen benötigt Herr Nauck für eine 220 m² große Fläche?

Antwort: ______

4 Ein Pkw legt eine 300 km lange Strecke in 3 h zurück, ein Motorroller benötigt 6 h.

a) Zeichne die Graphen der Funktionen, die für jedes Fahrzeug der Fahrtdauer (h) die zurückgelegte Strecke (km) zuordnen.

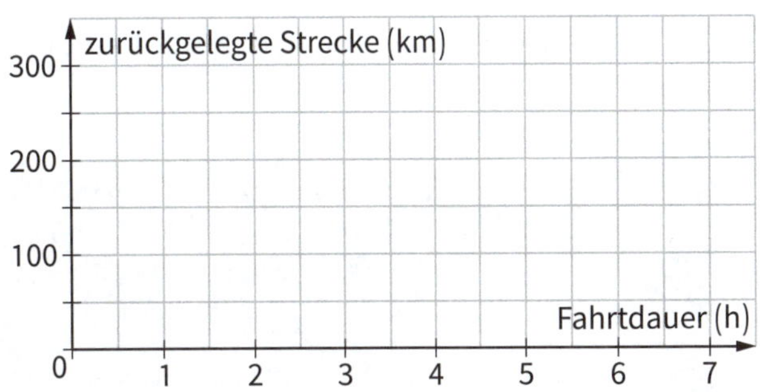

b) Wie viele Kilometer legt jedes Fahrzeug in einer Stunde zurück?

Pkw: ______ Motorroller: ______

c) Gib die Funktionsgleichungen an.

Pkw: ______ Motorroller: ______

5 Ein Aquarium wird mit Wasser befüllt. Zu Beginn des Füllvorgangs steht das Wasser im Aquarium 10 cm hoch, der Wasserstand steigt während des Füllvorgangs pro Minute um 4 cm.

a) Vervollständige die Wertetabelle.

Zeit (min)	0	1	2	3	4	5
Wasserstand (cm)						

b) Gib die Funktionsgleichung der Funktion f an, die der Zeit x den Wasserstand y zuordnet.

Funktionsgleichung: ______

Projekt: Sachprobleme

Schätzen, Messen, Überschlagen

1 Ein Mittelklasseauto ist etwa 4,50 m lang und 1,90 m breit.

Schätze die Größe der abgebildeten Parkfläche in Quadratmeter.

Antwort: ______________________________

2 Schätze die Länge des „Stretch-Trabis“.

Antwort: ______________________________

3 Zur Erinnerung an die Teilung der Stadt gibt es in Berlin eine Gedenkstätte mit einem Stück „Berliner Mauer“.

Schätze die Höhe der Mauer.

Antwort: ______________________________

Rückwärtsarbeiten

1 Marie und Lea wohnen in Hannover und möchten ein Konzert ihrer Lieblingsband in Hamburg besuchen. Der Einlass in die Konzerthalle ist ab 18.00 Uhr möglich. Marie und Lea möchten bereits eine Viertelstunde vorher an der Halle sein. Sie suchen nach Informationen im Internet und überlegen gemeinsam, wann sie von zu Hause aufbrechen müssen, um rechtzeitig dort zu sein.
Rechne von 18.00 Uhr rückwärts und vervollständige die Tabelle.

Deutsche Bahn-AG

Hannover Hbf	ab	15.22 Uhr	
Hamburg Hbf	an	17.32 Uhr	(0 Umst.)

Hannover

Linie Str. 7							
Linden	6.46	6.56	7.06	7.16	7.26	7.36	…
	…	…	…	…	…	…	
	…	…	…	…	…	…	
Hannover Hbf	7.08	7.18	7.28	7.38	7.48	7.58	…

zurückzulegende Strecke	benötigte Zeit
Fußweg zur Straßenbahnhaltestelle	5 min
Fußweg zum Bahnsteig Hannover	6 min
Fußweg vom Bahnhof Hamburg zur Konzerthalle	8 min

Aufbruch von zu Hause	______ Uhr
	↑
Haltestelle Straßenbahn	______ Uhr
	↑
Hauptbahnhof Hannover	______ Uhr
	↑
Bahnsteig Hbf Hannover	______ Uhr
	↑
Bahnhof Hbf Hamburg	______ Uhr
	↑
Ankunft Konzerthalle	______ Uhr
	↑
Einlass Konzerthalle	18.00 Uhr

2 Lilly steigt am Hohlweg alleine in den Bus der Linie 790 ein. An der Lindenallee steigen acht Personen aus und drei ein. An der Bahnhofstraße steigen neun Personen aus und an der Kirche zwölf. Am Marktplatz verlässt Lilly zusammen mit elf weiteren Personen den Bus. Im Bus ist dann nur noch die Busfahrerin. Wie viele Personen waren im Bus, als Lilly eingestiegen ist?
Bestimme die Anzahl der Personen durch Rückwärtsrechnen.

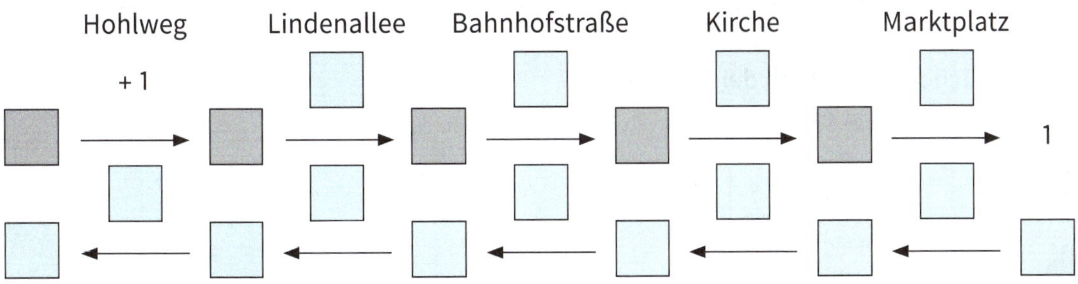

Als Lilly eingestiegen ist, waren ______ Personen im Bus.

3 a) Das arithmetische Mittel von zwei Zahlen beträgt 84. Die zweite Zahl ist 46.

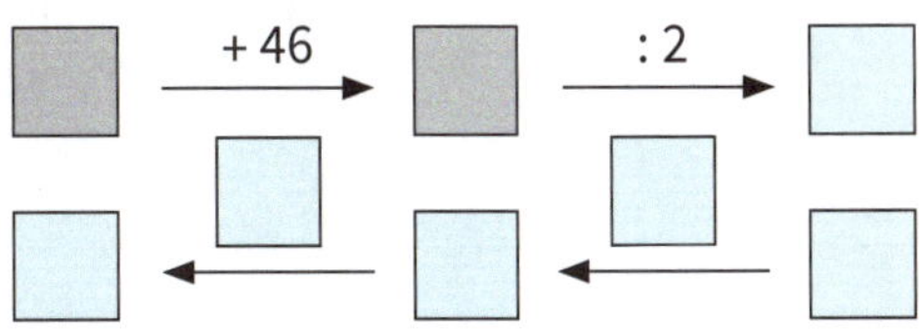

Die erste Zahl heißt ______.

b) Das arithmetische Mittel von drei Zahlen beträgt 53. Die zweite Zahl ist 63, die dritte 46.

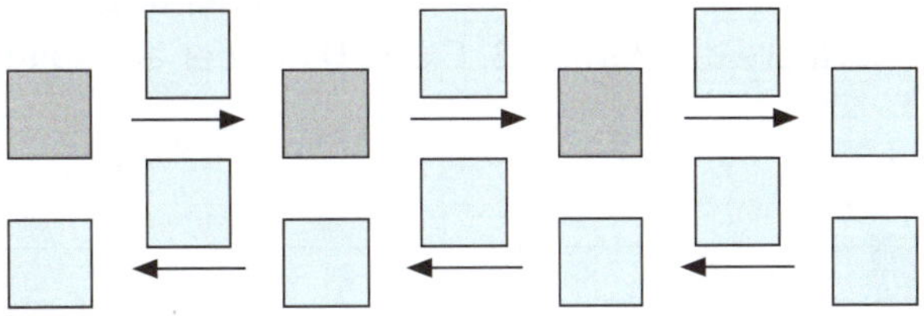

Die erste Zahl heißt ______.

Systematisches Probieren

1 Julian bezahlt für mehrere Standard- und Kompaktbriefe insgesamt 3,55 € Porto.

Briefporto ab 1.1.2022

Standardbrief 0,85 €
Kompaktbrief 1,00 €

Bestimme die Anzahl der Standard- und die Anzahl der Kompaktbriefe durch Probieren. Vervollständige dazu die Tabelle.

Antwort: ______________________________

____

Anzahl Standardbriefe	Anzahl Kompaktbriefe	Kosten (€)
1	1	1,85
1	2	
1	3	
2	1	
2		

2 Jule hat in der Bäckerei normale Brötchen und Mehrkornbrötchen gekauft. Ein normales Brötchen kostet 45 Cent, ein Mehrkornbrötchen 65 Cent. Für insgesamt 9 Brötchen hat Jule 4,85 € bezahlt. Bestimme die Anzahl der normalen Brötchen und die Anzahl der Mehrkornbrötchen durch Probieren.

Antwort: ______________________________

____

____

3 Ein Rechteck hat einen Flächeninhalt von 48 cm^2.
Die Maßzahlen der Seitenlängen sind natürliche Zahlen.
Bestimme alle möglichen Maßzahlen der Seitenlängen. Verwende dazu die Tabelle.

Seitenlänge a (cm)	Seitenlänge b (cm)

4 Die Punkte A, B, C und D liegen auf der abgebildeten Geraden.
Markiere die Punkte B, C und D auf der abgebildeten Geraden.

Es gilt: $\overline{AB} = 10\text{ cm}$; $\overline{BC} = 4\text{ cm}$; $\overline{CD} = 2\text{ cm}$; $\overline{DA} = 12\text{ cm}$

A

Die Punkte ____ und ____ sind am weitesten voneinander entfernt. Ihr Abstand beträgt ____ cm.

Tabelle zur Dokumentation und Selbsteinschätzung

Liebe Schülerin, lieber Schüler,

auf dieser und der folgenden Seite kannst du deine Arbeit in diesem Heft dokumentieren:

- Du trägst das Datum ein, an dem du die angegebene Seite bearbeitet hast.

- Du vermerkst, ob du bei allen Aufgaben keine Schwierigkeiten hattest (☺),
  bei einigen Aufgaben Schwierigkeiten hattest (😐) oder
  bei fast allen Aufgaben Schwierigkeiten hattest (☹).

Auch deine Lehrerin oder dein Lehrer hat die Möglichkeit, dir dazu eine Rückmeldung zu geben.

Seite	Datum	☺,😐,☹	Rückmeldung
1		◯	
2		◯	
3		◯	
4		◯	
5		◯	
6		◯	
7		◯	
8		◯	
9		◯	
10		◯	
11		◯	
12		◯	
13		◯	
14		◯	
15		◯	
16		◯	
17		◯	
18		◯	
19		◯	
20		◯	

Seite	Datum	☺,😐,☹	Rückmeldung
21		◯	
22		◯	
23		◯	
24		◯	
25		◯	
26		◯	
27		◯	
28		◯	
29		◯	
30		◯	
31		◯	
32		◯	
33		◯	
34		◯	
35		◯	
36		◯	
37		◯	
38		◯	
39		◯	
40		◯	

Tabelle zur Dokumentation und Selbsteinschätzung

Seite	Datum	☺,😐,☹	Rückmeldung
41		○	
42		○	
43		○	
44		○	
45		○	
46		○	
47		○	
48		○	
49		○	
50		○	
51		○	
52		○	
53		○	
54		○	
55		○	
56		○	
57		○	
58		○	
59		○	
60		○	
61		○	
62		○	
63		○	
64		○	
65		○	

Seite	Datum	☺,😐,☹	Rückmeldung
66		○	
67		○	
68		○	
69		○	
70		○	
71		○	
72		○	
73		○	
74		○	
75		○	
76		○	
77		○	
78		○	
79		○	
80		○	
81		○	
82		○	
83		○	
84		○	
85		○	
86		○	
87		○	
88		○	
89		○	
90		○	